三级育训 研创赋能
—— 河南职业技术学院教学实践模式探索

肖 珑　王美姣　主编

·上海·

内容提要

本书是河南职业技术学院智能制造相关专业近10年教学改革成果汇编，旨在为高职院校校企协同共建专业提供范本。全书分为四篇，第一篇为"教与悟"，是各专业在人才培养、校企合作、课程改革、教学改革与诊断等方面进行的探究；第二篇为"践与行"，是专业群全面实施各类教学改革与实践的经验做法；第三篇为"研与创"，是教学团队在"双创"孵化、校企命运共同体、产教融合等方面做出的研究与创新；第四篇为"激与励"，是专业群围绕三级育训平台进行的体制机制创新。

本书可为相关职业院校教学改革提供参考借鉴。

图书在版编目(CIP)数据

三级育训　研创赋能：河南职业技术学院教学实践模式探索 / 肖珑，王美姣主编. --上海：同济大学出版社，2022.12

ISBN 978-7-5765-0518-4

Ⅰ. ①三… Ⅱ. ①肖… ②王… Ⅲ. ①智能制造系统－人才培养－培养模式－研究 Ⅳ. ①TH166

中国版本图书馆 CIP 数据核字(2022)第 240611 号

三级育训　研创赋能——河南职业技术学院教学实践模式探索
肖　珑　王美姣　主编

责任编辑	张　莉　任学敏	责任校对	徐春莲	封面设计	陈益平

出版发行　同济大学出版社　　www.tongjipress.com.cn
　　　　　（地址：上海市四平路1239号　邮编：200092　电话：021-65985622）
经　　销　全国各地新华书店
排　　版　南京月叶图文制作有限公司
印　　刷　江苏凤凰数码印务有限公司
开　　本　710mm×1000mm　1/16
印　　张　16.5
字　　数　330 000
版　　次　2022年12月第1版
印　　次　2022年12月第1次印刷
书　　号　ISBN 978-7-5765-0518-4

定　　价　69.00元

本书若有印装质量问题，请向本社发行部调换　　版权所有　侵权必究

序

河南职业技术学院认真贯彻习近平新时代中国特色社会主义思想，落实全国职业教育大会精神，履行《中华人民共和国职业教育法》，秉承"学生为本、立德树人"的教育理念，坚持"服务区域装备制造业产业升级"的专业建设总体工作思路，着力打造一支技术精湛、教学能力突出的装备制造领域国家级教师教学创新团队，建设服务区域经济社会发展、支持行业企业转型升级的专业及专业群，培养大量德才兼备、技术娴熟、具备工匠精神的技术员、现场工程师。

智能制造专业群创新实践教学体系，校企协同，与格力电器、郑州煤矿机械集团股份有限公司、富士康等企业合作，从"产、教、学、研、创、训"六个维度，组建结构化教师教学创新团队。针对不同企业生产项目，教学团队大胆实施教育教学改革，"定制化开发"数控系统应用、机器视觉等专业教学模块，创建"工匠工坊—学习工厂—协同创新中心"三级育训平台，创设"3+N"递进式实践教学体系，培养学员的专项技术能力、综合调试能力和技术创新能力，实现一企一案精准培养人才。校企双导师积极开展技术研发、技术服务、科技创新工作，以提升研创能力反哺教学，探索了多方共赢的校企命运共同体实现方法，解决了目前高职教育中高端产业复合型技术技能人才培养路径不够多、培养规格与企业岗位能力需求不同步、校企多维升级不同步的共同体构筑的问题，形成了组群升级、融合升级、产教升级、师技升级、服务升级的五维升级新局面。本书由肖珑负责总体策划、组织，董延负责第一、二篇的编写，武同负责第三、四篇的编写。全书由王美姣负责统稿。本书将河南职业技术学院近 10 年的部分教学改革成果汇编成册，供各位同行参考借鉴。

2022 年 7 月

目　录

序

开　篇

三级育训　研创赋能　打造职业教育实践教学新模式
　　——河南职业技术学院智能制造类专业群人才培养创新与实践…………003

第一篇　教与悟

高职专业建设"五级渐进式"订单培养模式方法与策略………………………011

校企合作共同探索模具工匠工坊建设定位……………………………………018

高职焊接专业技能培养校企合作新模式的探索………………………………022

订单班的网络微格教学系统设计………………………………………………026

成果导向（OBE）的专业教学诊断与改进……………………………………029

多轴数控加工1+X证书探索与实施……………………………………………034

模具专业"数控编程与操作"课改研究与实践…………………………………040

融入人文素质教育的数控车削教学研究与实践………………………………046

第二篇　践与行

基于"三服务"的焊接专业动态化人才培养研究………………………………055

智能制造背景下高职加工中心操作工人才培养策略研究 059

对河南省企业新型学徒制推进工作的实例分析 062

校企合作下高职制造类专业项目化教学研究与探索 069

高职机电类专业创新人才培养模式研究与实践 075

"行动引导型"模式在高职数控加工教学实践中的应用 083

第三篇 研与创

高职院校"双创"孵化平台模式探索与实践 095

基于"四对接、六合一"校企命运共同体智能制造类专业群人才培养模式创新
　　与实践 099

高职院校"四对接、六合一"校企命运共同体人才培养模式研究 108

河南省高技能人才培养模式研究 113

高职院校结构化教师教学创新团队建设路径研究与实践 119

基于成果导向理念的高职院校专业诊改机制研究与实践 127

智能制造类专业"四对接、六合一"人才培养模式创新研究 136

河南省应用型高校产教融合动力研究 142

数控加工专业人才的培养现状及对策研究 145

高职教育产教融合面临的困境与出路 148

论高等职业院校的科研职能定位
　　——以区域技术创新体系为视角 152

德育时机的客观性分析与主观性把握 157

继续教育 App 应用：进展、问题和改进 162

基于 HPWS 理论分析中部制造企业的绩效人才队伍建设 169

紧密对接产业发展，打造高水平专业群 173

第四篇 激与励

河南职业技术学院精准施教分类培养能工巧匠、大国工匠侧记 …………… 179

河南省高等职业院校创新创业教育联盟成立大会在河南职业技术学院
　　举行 ………………………………………………………………………… 186

河南省首个骨干职教集团挂牌成立！ …………………………………………… 189

三级育训平台核心要义 …………………………………………………………… 193

基于三级育训平台的培训体系构建方案 ………………………………………… 218

附录 ………………………………………………………………………………… 233
　　附件1　培训保障制度体系 …………………………………………………… 233
　　附件2　培训管理制度体系 …………………………………………………… 241
　　附件3　培训评估制度体系 …………………………………………………… 245
　　附件4　培训档案制度体系 …………………………………………………… 249

开 篇

三级育训 研创赋能
打造职业教育实践教学新模式

——河南职业技术学院智能制造类专业群人才培养创新与实践

河南职业技术学院落实立德树人根本任务,将社会主义核心价值观教育贯穿技术技能人才培养全过程,坚持工学结合、知行合一,在全面提高质量的基础上,着力培养一批产业急需、技艺高超的高素质技术技能人才。在围绕"双高计划"数控技术高水平专业群建设过程中,始终面向区域或行业重点产业,依托专业特色和优势,健全对接产业、动态调整、自我完善的专业群建设发展机制,促进专业资源整合和结构优化,发挥专业群的集聚效应和服务功能,实现人才培养供给侧和产业需求侧结构要素全方位融合。河南职业技术学院智能制造类专业群建设紧紧围绕信息化、工业化、城镇化、农业现代化"四化同步",深化校企合作人才培养模式改革与创新、实训基地建设、项目化教学研究与改革。面对行业"机器换人"升级趋势对人才需求的变化,河南职业技术学院与富士康集团等企业合作,对接企业岗位需求,校企共建工匠工坊、学习工厂、协同创新中心三级育训平台,校企协同开发了融入新技术、新工艺、新规范,服务"四化同步",对接生产过程的 N 个教学项目,并不断补充、完善、更新,形成项目池。河南职业技术学院牵头成立包含 2 000 多家企业的河南机械设计制造和装备技术骨干职教集团、河南省智能制造推进联盟,制造类专业订单培养达 70% 以上,创建了机电一体化技术专业国家级教育教学创新团队,完成了"自主可控多模抗干扰时统设备""工业互联网创新发展工程——工业互联网平台创新推广中心项目"等一批省部级重大科技项目攻关,为河南省建立政府投资和重大项目就业效应评估机制提供了关键决策参考。

一、校企命运共同体建设是产教融合的必由途径

面对产教融合难在"融"的问题,首先要解决的是理念的共识问题,其次是解

决融什么、怎么融的问题,最后是确定实操层面的载体问题。

河南职业技术学院(以下简称"学院")开发了具有广度和实时性的用人需求与毕业生信息双向互通平台,实现了专业设置对接产业布局,行业发展指导专业建设,专业建设融入企业发展,形成了专业群与岗位链、专业能力与职业能力、教学标准与岗位标准、教学过程与生产过程的"四对接"发展路径。

学院在教育教学过程中,紧跟区域经济社会发展、产业结构升级和企业实际需求,不断优化和调整专业结构,形成了围绕先进制造产业的专业动态调整机制和专业共设共建机制。学院与企业共建工匠工坊、学习工厂、协同创新中心,按照企业生产实际配置实训设备,营造教学场所的职业氛围和职业环境,促进教学内容同生产实际相结合,形成了围绕先进制造产业的实训基地共建共享机制。学院开展人才需求调研活动,发布人才需求报告,建立人才需求及储备信息数据库;建立企业共享、需求互动的就业、创业信息资源库;建立企业对就业岗位、用人单位对学院培养毕业生的反馈信息库。校企双方共同参与制订培养方案和考核办法,采用合作订单培养等方式,行、企、校互动,形成人才共育共管机制。校企双方组建结构化教师教学创新团队,政、行、企、校、研五方携手,构建开放式培训体系和职业培训服务网络,搭建了教师与企业合作开展应用性技术研究的平台,为合作企业提供技能培训、技术应用研发等服务,形成了技术培训与技术服务共研共赢机制。

二、校企协同打造三级育训平台,使产、教融合落地

1. 校企共建工匠工坊,培养专项技术技能

对接格力电器、郑州煤矿机械集团股份有限公司(以下简称"郑煤机")、富士康等智能化产线岗位链,拆解产线的共性岗位,组建基础工匠工坊;紧跟行业技术发展,对接新兴智能制造技术领军企业,对标高新岗位,组建前沿工匠工坊。利用工匠工坊学习专业共享模块,培养职业素养和岗位专项能力。自 2013 年起,陆续与郑煤机、富士康、郑州科慧等公司合作成立工匠工坊。

2. 校企共建学习工厂,培养综合技术技能

整合专业资源,聚集企业优势资源,2016 年,学院与格力电器共建格力智能制造学习工厂,搭建气缸、法兰生产的两条智能化产线;2017 年,与海尔集团共建海尔学习工厂,搭建空调外机电控设备智能化产线。大三学生以跟岗实习的方式进入学习工厂完成互选模块拓展和岗位综合能力培养,满足智能制造关键

岗位需求。

3. 成立协同创新中心,培养技术创新能力

2018年,学院与机械工业第六设计研究院等共建智能制造"两化"融合的应用技术协同创新中心。15%的优秀学生以"校企共培生"的身份进入协同创新平台,成立校、企、院三师+优秀学生(3～6人)的横向技术服务团队,建设企业横向技术服务项目池,解决企业技术难题600余项,科研反哺教学,提升了优秀学生的技术创新能力。

三、建设教学项目池模块化课程,创新实践教学有效策略

实践中依托三级育训平台,学院与郑煤机等企业合作,校企共建了20个工匠工坊,培养学生专项技术技能,依托富士康苹果手机生产线等,共建自动化产线等工匠工坊,工坊下设212个项目。校企共建格力智能制造、海尔智能制造等2个学习工厂,培养学生综合技术技能,下设产线调试等23个项目,开展生产性实训。跟随产业升级,学院不断改进教学项目,形成了教学"项目池",更新丰富了项目化实践教学的内容和边界。

采用大数据调研分析的方法,依据项目池梳理出5个智能制造岗位群、165个岗位核心能力、若干课程能力交叉点,构建"基础共用、专业共享、拓展互选"专业群课程体系。共建五轴叶轮加工等20个工坊模块、视觉分拣产线设计等10个学习工厂模块、手机框架夹具优化设计等16个协同中心模块,每一个模块由多种包含企业不同场景的案例式训练任务组成。

四、"四对接、六合一"培养模式创新人才成长路径

在三级育训平台上,按专项技术能力、产线综合调试能力、技术创新能力的培养层次,采用学徒式、场景化、多案例、项目式培训与教学,循序渐进地安排实践教学内容。对接企业岗位需求,校企共建多轴高速、高精加工、自动化产线等工匠工坊;对接企业职业能力,组建高水平专兼结合专业教学团队;对接企业岗位标准,完成机电一体化技术、模具设计与制造等5个专业教学标准改革;对接企业生产过程,重组专业课程体系,制定专业课程教学资源包,实现"工件与产品、教师与师傅、学生与学徒、科研与技术服务、技能积累与技术创新、培育与培训"六合一。

五、紧密围绕区域经济发展，实现"五维"升级

1. 提高学徒培养力度，实现合作机制升级

构建"共建、共享、共育、共管、共赢"一企一案的校企合作育人机制，学校与企业共同制订人才培养方案，为企业"量体裁衣"培养人才，企业全面参与人才培养过程，形成了"工匠工坊—学习工厂—协同创新中心"订单学徒培养的驱动机制。创新实践教学模式，三级育训从时间上实行"周期制"，从教学上实行"学徒式"，从管理上实行"企业辅导员制"，企业实践教学内容实行"项目化"，双主体培养确保人才培养质量。三级育训在智能制造专业群中推广应用，累计受益学生达 10 000 多名。

2. 建立多方合作机制，实现专业组群升级

以数控技术、机电一体化技术两个专业为起点，学院成立焊接技术与自动化专业。2013 年，合作企业郑煤机结构件焊接车间全面升级改造，实施机器换人，焊接技术与自动化专业主攻焊接机器人技术方向；2014 年，随着富士康手机外框加工产线不断升级，机电一体化专业增设工业机器视觉技术专业方向；2014 年，郑煤机加大在电控主阀、辅阀方面的研发生产，数控技术专业增设多轴加工技术方向；2015 年，模具设计与制造专业增设逆向工程、3D 打印方向。学院逐步发展了数控技术、机电一体化技术、工业机器人技术、智能焊接技术、模具设计与制造 5 个专业组群，形成了适应区域产业发展的智能制造专业群，并于 2019 年获批国家"双高计划"高水平专业群。

3. 调整项目课程模块，实现教学内容升级

在企业工程师的帮助下，专业教师把企业真实工作项目进行教学化处理，并按同一属性归类至项目池中，在三级育训平台项目池中组建课程模块，确保教学内容全部是工作过程所需的知识和技能。校企共同完成智能制造专业群中各专业职业岗位、职业能力的分析，制订出专业群中数控技术等 5 个专业的人才培养方案及 30 门核心课的课程标准。学院与企业合作开发企业工作手册式教材 20 余部，开发智能制造专业群工业机器人应用、多轴加工技术等网络教学资源、微课、仿真系统虚拟实训等，解决先进教学资源不足、不系统的问题。

4. 建立双岗轮动机制，实现师资团队升级

目前形成的 4 个结构化教师教学创新团队，在双导师的带领下，实现了以项

目教学、案例教学等方式组织理论和实践一体化教学。由学院教师和企业工程师、优秀学生组建并成立了机电维修社团、机器人创新团队等30多个专业社团，实施"专业教师下现场工程"和"企业特派员"项目。教师团队与机械工业第六设计院、中信重工等企业共同承担了"工业互联网创新发展工程——工业互联网平台创新推广中心"项目，项目总投资达5 450万元。这种培训与技术服务互促合作模式，既充分有效地利用了学校的教育资源，又解决了企业技术问题，实现了企业和学校共赢共进。

5. 聚集各类优势资源，实现科技服务升级

学院与河南省制造企业转型同步升级，共吸引各类技术服务资金4 000多万元，学院中原大学生创业孵化园孵化出年产值1 000多万元的科技型企业，每年培训企业员工5 000多人次，解决了企业产业升级的一大瓶颈问题。

学院按照智能制造产业链，遴选出资源优质、功能齐全、管理规范的10个企业师资培训基地，聚集了河南省及全国职教领域和行业企业多名专家，拥有9种优质培训资源，开设15类专题培训，并确立了"菜单式""定制式"和"标准模块式"3种培训模式。截至目前，学院培养中部地区职教师资30 000多人，学院智能制造专业组群的服务能力得到极大提升。

六、高质量迈进，获人才红利，得喜人成效

1. 精细精准培养，学生技术水平达新高度

近10年来，智能制造类专业累计培养1.5万余人，支撑近300家企业升级发展，30%的学生成为企业转型升级的技术骨干，涌现出一批"河南省技术能手""全国技术能手"等优秀毕业生代表。学生获"挑战杯"中国大学生创业计划竞赛、中国大学生"互联网+"双创大赛国家级金奖1项、银奖1项、铜奖2项，获国家级技能大赛一等奖9项、二等奖12项、三等奖12项。

2. 三级育训平台，树制造类专业新品牌

依托校企合作平台，学院建成课程思政示范课程国家级、省级各2门；获省级教学成果奖特等奖、一等奖各1项，二等奖3项；建设国家级优秀网络课程1门；河南省首届教材建设高职高专机电类专业规划教材评选获一等奖1本，二等奖2本；编写活页式教材、企业职工手册式教材13部、开发1+X职业资格证书技能包5项。学校被评为"50所全国创新创业典型经验高校"，数控技术专业

群获批国家高水平专业群,获"国家高技能人才培养示范基地"认证、国家技能人才培养突出贡献奖;机电一体化技术团队获批国家级职业教育教师教学创新团队。

3. 技术培训创新,服务能力续写新篇章

学院获批国家级职教师资培养培训基地、国家高等职业教育创新发展行动计划认定"双师型"教师培养培训基地,开展企业职工技术培训,国家级、省级骨干教师培训,本科及以上学生技术回炉培训等216次,受益人数达1.8万余人,为区域经济发展提供了强有力的技术支持。

依托国家级智能制造应用技术协同创新中心,集聚校企优势资源,学院陆续为10余家企业提供技术服务,完成全自动下料工作站、FANUC数控机床联网软件等项目技术服务500余项。

第一篇
教与悟

高职专业建设"五级渐进式"订单培养模式方法与策略

河南职业技术学院电子信息类专业先后与富士康、大唐移动公司开展校企合作、订单培养,探索建立了一套值得推广的三级育训"五级渐进式"订单人才培养模式。

一、专业订单培养模式及存在的问题

作为相关专业订单班建立的需求方,企业尤其希望在电子信息类专业内设立订单人才培养班。河南职业技术学院电子信息工程技术专业于 2000 年首届招生,先后与 12 家规模以上企业建立合作关系,特别是与富士康鸿富锦精密电子(郑州)有限公司(以下简称"富士康")多次建立富士康 PE 专班,8 年培养人数达 904 人。学院在电子信息类专业订单培养方面取得了一些成效,但也暴露出不少问题。

一是学院的培养目标和课程设计与企业要求有差异。学校教育理念不够先进,人才培养的重心依然放在专业理论知识方面,对学生的职业素养和专业岗位技能培养都不够重视。另外,课程体系建设并不完全适合高职学生的发展,一些课程与本科教育的微缩版没有本质区别,学校所开设的部分课程的设计和企业要求培训的技能还有很大差距。

二是教师教学能力欠缺,"双师型"教师匮乏。很多教师理论素养和知识体系比较完备,但缺乏企业实践经验。大多数非"双师型"教师对企业的运作过程和实际生产过程并不熟悉,对企业一线的相关技能不能熟练掌握。订单培养的主要目的是让学生掌握专业知识和技能,并在最短时间内投入到企业一线。因此,订单培养模式对教师的专业技能的综合素质有较高的要求,教师除了掌握扎实的理论知识外,还需要有较强的实践能力,对相关行业的前沿技能有广泛的了解,对生产中的问题有清晰的理解和认知。师资力量的薄弱限制了学院的进一步发展。

三是订单班管理不到位。订单班的培养包括企业培养和学校培养,这两种培养模式差异很大,学校在企业实习环节做得还不够好,管理也还不到位。企业通过面试、笔试等一系列选拔程序最终组建成订单班,但会有部分学生在订单班学习时中途退出,更有甚者会在即将赴企业顶岗实习或是到企业就业时退出,给企业岗位用人造成一定损失,同时给学校的信誉也造成不良影响。有的企业根据用人需求,从不同专业中选拔学生组建订单班,订单班的学生来自不同班级,这对教学管理会产生新的困难。另外,在订单培养过程中,企业教师往往忽视高职院校学生的认知程度,未充分熟悉该年龄层学生的心理状态,易产生订单班学员对企业文化认知肤浅、对户外作业过度恐惧、入职后无法发挥自身特长等一系列问题。

二、电子信息类专业"五级渐进式"订单培养模式设计与实践

学院电子信息工程技术专业从2012年开始探索"五级渐进式"订单培养模式改革,即把职业能力目标的达成分为五种能力等级递进,同时将五种目标(核心目标、维度目标、内涵目标、知识目标、文化目标)纳入"五级"能力提升渐进之中。

(一)职业能力由低到高的"五级"渐进

从时间上划分出五种职业能力所在的阶段,实现"五级渐进":第一级(第一学期)、第二级(第二学期)、第三级(第三学期和第四学期)、第四级(第五学期)和第五级(第六学期)。电子信息工程技术专业实施全过程、系统化五级职业能力渐进培养,对接企业岗位能力要求,实施项目驱动,包含项目单项操作能力训练与企业认知、项目多项操作能力训练与企业跟学、项目熟练操作能力培养与岗位认知、项目设计运行能力培养与跟岗实习、项目综合实施能力培养与顶岗实习等环节,使学生的五级职业能力在六个学期中连续塑造强化,从一名大学新生成长为企业准员工,如图1所示。

第一级:项目单项操作能力训练与企业认知。学生在校学习相关公共基础课程和专业基础课程,从而具备专业单项基本技能。与合作企业富士康、海尔、大唐移动等共同组建订单班,以前期学情分析和企业初审为依据,把学生分组编入订单班,学习不同企业文化课程,使学生对订单企业有初步认知。

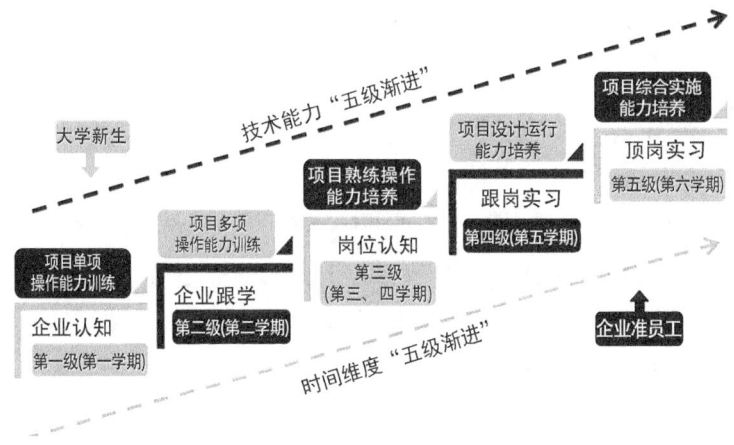

图 1 "五级"技术能力渐进培养

第二级：项目多项操作能力训练与企业跟学。通过第一层级校内课堂学习，学生具备了单项技能操作能力和企业认知，之后，学生到合作企业实地进行实习，了解企业生产流程、产品特点、岗位设置、岗位工作内容及要求、员工生产生活等一系列与企业有关的内容。学院开展与企业员工座谈等活动，提高学生对企业文化的深入认知。通过这个阶段的学习，学生对企业岗位要求及技术能力要求有了明确的认识，培养了岗位安全责任意识、职业卫生习惯以及良好的法律意识。

第三级：项目熟练操作能力培养与岗位认知。在第一、二层级知识、能力和素养培养的基础上，该层级渐进至关键职业能力学习领域，即学习提高阶段。通过"讲—演—练—评"四位一体的课堂教学环节，构建"学做融通，双元结构"教学模式，开展学生校内实训演练，结合企业岗位产品、分解能力需求，制订项目方案，确定任务工单。学院开展多项综合技能操作训练，实施现代学徒制，提升学生的岗位技能熟练程度，训练过程注重创新意识培养，促进学生实现对企业从基本认知到对岗位所需知识、能力和素养目标综合掌握至熟知、熟练的转变。第四学期订单班的授课内容由校企双方共同承担，根据学生所要从事的岗位或岗位群的要求来设定，授课团队由校企双方共同组建，由"双元结构教师小组"实施教学。校企双方共建课程资源、实训实习基地，共同提高学生职业素养和岗位技能。

第四级：项目设计运行能力培养与跟岗实习。该层级为跟岗实习阶段，学生到合作企业进行岗位技能训练，同时要进行企业课程学习，以期成长为职业素养高、技术熟练的技术人员。学生跟岗实习期间，运用所学知识、技能参与项目设计与管理,并在师傅指导下参与解决实际问题,完成岗位任务。

第五级:项目综合实施能力培养与顶岗实习。跟岗实习阶段结束后,学生能够胜任企业生产项目设计,进入顶岗实习阶段,学生作为企业的准员工参加生产,独立完成相应的生产任务。

五级职业能力层次渐进,校内校外共同培养,校内学练技能、对接岗位,校外认知岗位、顶岗实习,实现校企协同育人。五级教学过程将学生自我评价、学校导师评价、企业师傅评价、第三方评价相结合,积极构建多方参与的考核评价机制,形成包括学校考核、企业考核、目标考核、过程评价等在内的考核评价体系。

(二)五种目标融入能力"五级"渐进过程

通过核心目标、维度目标、内涵目标、知识目标、文化目标的建设,将职业技能、职业态度、职业道德的培养和对职业价值的认知贯穿在整个订单培养体系内,将技术文化、岗位文化、德育文化、价值文化融入整个知识体系中,依托各类课程建设培养学员在"五级"渐进过程中拥有技术能力类、爱岗敬业类、岗位德育类、职业价值类等内涵要素,如图2所示。这正是"工匠精神"塑造的重要保障。通过纵向职业技能多重渐进、职业态度激励渐进、职业道德自然渐进、职业价值观层次渐进四个领域进一步诠释"渐进"内涵,培养工匠精神。

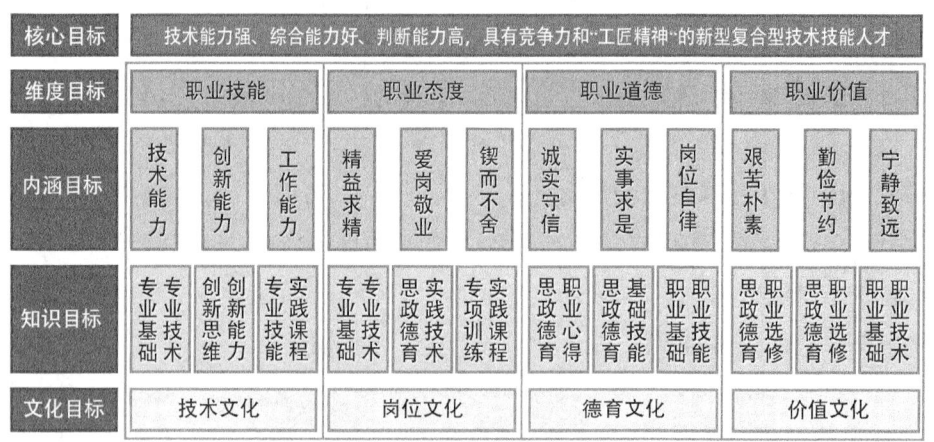

图2 "五种目标"分解图

1. 职业技能多重渐进

卓越的技艺是工匠的核心竞争力,从掌握基本技能到具有精湛技艺,是一个质的飞跃。尽管这个过程无法在学校里全部完成,而是更多地在工作岗位中历练，但是从课堂到职场的变化，只是职业技能的循序渐进、由浅到深、由粗到细、由生疏到熟练的养成过程。这些能力的培养都是在学校学习和企业实践两条主线上共同完成的，学生的知识结构由简单到复杂、由宽泛到专精、由理论到实践，多重渐进。

2. 职业态度激励渐进

职业态度是学生对未来所从事职业的看法，并反映在其言行举止上。具有"工匠精神"的职业态度更多体现为一丝不苟、专心致志、精益求精的职业精神和爱岗敬业、注重细节、锲而不舍的职业情怀。因此，职业态度的培养不可能仅通过一门课、一节课、几个知识点来实现，而需要在德育课程、实践课程、时间课程中不断渗透，激励学生在每个学习、工作阶段严格要求自己，争先创优。在校学习时，学生培养刻苦钻研、勇于创新的精神，成为"优秀学生"；在企业实习实训时，学生形成勤学苦练、一丝不苟、兢兢业业的精神，成为"优秀员工"；走上工作岗位时，学生具有精益求精、心无旁骛、执着追求的精神，成为"能工巧匠"。

3. 职业道德自然渐进

职业道德包括诚实守信、实事求是、自洁自律、光明磊落及坦荡无私等优良品质。诚实守信、实事求是是职业道德体系中最基础的品德，在前期培养后已经初步养成，后续的思政课、公共必修课、职业基础课将对此进一步加深。从"诚实守信、实事求是"到"自洁自律、坦荡无私"再到"光明磊落、廉洁奉公"，是学生对自己逐渐严格要求、自然渐进的过程。

4. 职业价值观层次渐进

职业价值观教育是一项复杂的系统工程，对学生的职业生涯有着重要的指导作用。职业价值观具体包括艰苦朴素、勤俭节约、淡泊名利等素养。其中"艰苦朴素"与"勤俭节约"的价值观是基础层次，到高职阶段学生已初步形成这两种价值观，后续的思政课、公共必修课将对此进一步深化；"淡泊名利"是高层次的价值观，其培养过程贯穿在整个教学活动中，将高层次价值观与人才培养相结合，融入日常的课程学习、技能训练中；利用生产实践或顶岗实习等实践环节，淬炼学生的"匠人"之心，从低级到高级，层层渐进，逐步形成正确的职业价值观。

三、"五级渐进式"订单培养模式实践成效及推广价值

学校在与富士康合作期间，开展"五级渐进式"订单培养模式的实践探索，根

据企业的实际工作任务、工作过程和工作情境,构建三类(技术组、设备组、管理组)岗位群组,再基于各类群组岗位特点设定校企合作育人课程体系,制订了一套满足电子信息类专业的一线工作人员要求的人才培养方案,取得明显成效。

(一)人才培养质量提升

学院电子信息工程技术专业是国家级重点示范专业,学院通过人才培养模式改革,创新型应用课程体系构建,提高了整体人才培养质量,在技能大赛、实践创新等方面取得显著成绩。2017年至今,电子信息工程技术专业积极参加全国职业院校技能大赛和行业类技能大赛,获得国家级一等奖2项、三等奖3项;省级一等奖2项、二等奖3项。

(二)加快构建"工学一体化"课程体系

通过深入行业企业调查,掌握通信行业市场对高端技术技能人才的需求,学院与合作企业的技术专家、生产一线技术人员合作研讨,确定企业典型工作任务,将其转换成订单班相关专业的学习领域。通过调研,学院吸纳先进技术,明确培养目标,构建基于工作过程的典型产品课程体系。校企共同开发符合人才培养方案的课程标准,将学生必须掌握的专业能力、社会能力和方法能力融入课程和项目训练中,具体如图3所示。

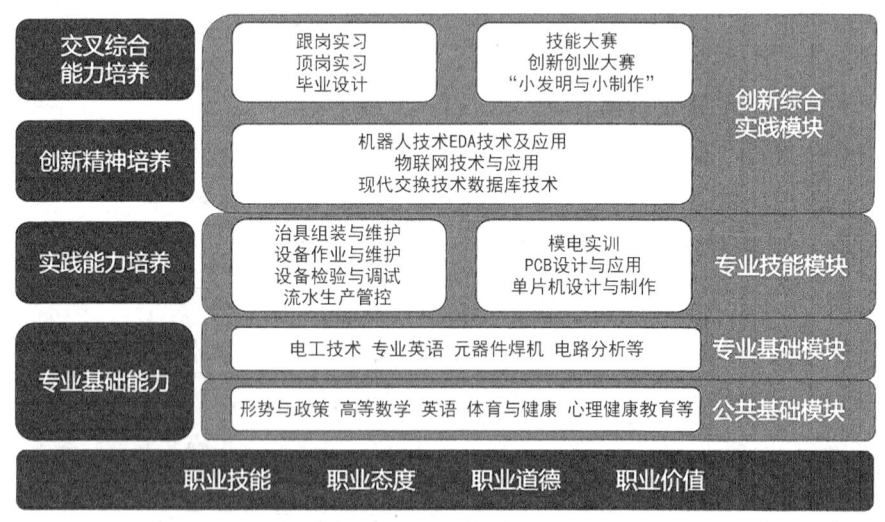

图3 "五级渐进式"订单培养课程体系

（三）促进专业教材与学材开发

"五级渐进式"订单培养模式促进开发新教材。根据电子信息类专业领域实际，结合基于工作过程的教材建设要求，编写工作手册式、活页式的适合企业需求、满足工学结合、具有拓展能力的特色示范性教材——《数字电子技术》《PCB设计与制作实践》《单片机原理及应用》。"五级渐进式"订单培养模式同样促进了学材的开发。基于职业岗位实际工作任务，结合课程教学内容，利用问题引导与提示设计工作页学材，突出学生的自主学习过程。

（四）创新创业能力提升

学院组建电子创新团队，设置固定活动场地，配备相关实验实训设备，对团队成员全天开放，安排专业教师进行管理并进行专业知识、技能的讲解和辅导。依托创新创业平台，承接企业实际生产项目，按照"生产项目—教学内容—产品设计开发—商品销售"一条龙流程，实现教学内容与生产过程的有效对接。学生参与"小发明与小制作"，参加创新创业大赛，提高了自身综合素质和能力。在大学生科技创新创业大赛中，订单班创新创业团队获得多项河南省创新创业大赛奖。

（李小强，原文载于《职业技术教育》2021年3月期）

编注：高职院校电子信息类专业订单班在长期教学实施过程中存在课程设计与企业需求差异大、"双师型"师资匮乏等问题。基于循序渐进原则，将职业技能、职业态度、职业道德、职业价值贯穿于订单培养体系中，建立起一套"五级渐进式"人才培养模式：把职业能力目标的达成分为五种能力等级递进，同时将核心目标、维度目标、内涵目标、知识目标、文化目标五种目标纳入"五级"能力提升渐进过程之中。

校企合作共同探索模具工匠工坊建设定位

一、模具工匠工坊的建设意义及目标

制造业作为国民经济的主体,是实现国家现代化经济体系和产业体系建设高质量发展的推动力。我国是制造业大国,随着《中国制造2025》发展战略的提出,制造业呈现前所未有的发展态势,工业生产的灵活性,生产及资源利用的高效性,必将重新定义技术、生产与人的关系。

在此背景下,河南职业技术学院深入贯彻落实《国家职业教育改革实施方案》精神,结合区域经济特色,邀请业内相关企业,共同创建模具工匠工坊,以校企"双主体"为基础,面向模具产业需求,充分挖掘符合各方利益的对接点,积极探索"校企命运共同体"式的人才培养模式。

二、模具工匠工坊的建设举措

模具工匠工坊的核心理念是以工坊为载体,将真实工作场景、真实工程案例、真实工作过程和真实商业项目引入课堂,基于现代学徒制的人才培养模式,培养具有工匠精神和精湛技艺的模具设计与制造专业的技术技能人才。

1. 建设规划

面向模具行业热门岗位需要的技能、创新人才,模具工匠工坊开设四个工坊方向(表1)。

表1 模具工匠工坊开设方向

工坊方向	对接岗位	核心能力
注塑模具设计工坊	模具设计员	1. 模具装调能力; 2. 模具结构设计能力

(续表)

工坊方向	对接岗位	核心能力
注塑模具制作工坊	制造工艺员	1. 数控设备编程与操作能力； 2. 制造工艺编制能力
注塑模具制作成型工坊	产品成型工艺员	1. 成型设备操作能力； 2. 产品成型工艺设计能力
3D打印工坊	3D打印设备操作员	1. 逆向扫描建模能力； 2. 3D打印设备操作调试能力

2. 选拔学生

工坊，本意是工作的场合，有小巧精致之意。工匠工坊的创设，是想以小班化教学之形，取现代学徒制之意，集合企业和学校多方力量，针对一部分初显匠心潜质的优秀学生，展开复杂技术、细致技巧等方面的培养，是一种拔高性、引领性培养方式的探索。这种特点决定了进入工坊的学生要具有突出性、示范性，因此对学生进行严格选拔，是保持工匠工坊高质量运行的关键环节。

模具工匠工坊对入坊学生选拔确定了如下流程。

首先，公布基本选拔标准，由辅导员对学生进行初选：

（1）政治上积极进取，品学兼优，未受过任何处分；

（2）学业成绩排名前40%的二年级学生或技能大赛获省级及以上奖项的模具设计与制造专业的学生；

（3）认同企业管理方式、企业文化理念和价值观。

其次，安排笔试，专业教师与企业导师共同商定试题，对学生的基础知识、学习态度进行摸底筛查。

最后，进行面试，企业导师根据企业经验，安排实操及面试问题，对学生的技能水平、自信心、责任心等综合素质进行评价。

最终选拔出24名工匠工坊学徒，同时预留6个替补名额。

3. 运营管理

对入坊学生进行动态考核管理，结合出勤及任务完成情况，实行末位淘汰制。

初级：模具工匠工坊将初级学徒分为四组，分别进入四个工坊学习。开班频次为每周一次，初级学徒在每个工坊进行为期一月的学习之后，进入下一工坊学习。四个月为一个完整周期，完成所有工坊轮岗。

中级：完成四个工坊轮岗并通过考核的学徒升级为中级学徒，由工坊企业导师选择意向学徒，结合学徒选择导师，双向选择，匹配相应工坊。中期学徒可以稳定参与工坊订单生产并兼任下一届初级学徒助教，领取部分学徒津贴。

高级：通过中级考核的学徒，可以进入工坊合作企业实习，成绩优异者可获得"杰出学徒工匠"荣誉称号。

4. 制订培养方案

针对不同工坊方向，细化培养目标。灵活设置工匠工坊的实训内容，企业导师与专任教师合作，结合生产实际和学习认知规律，根据企业不同时期的生产订单动态开发以真实产品为载体的实训项目。

这样的实训项目不仅培养学生知识和技能，更帮助学生转变心态，每一件产品都是作品，学会从客户的角度考虑问题，兼顾功能性、耐用性、可靠性等各方面的品质，从而锻炼学生精细作业的匠人精神和综合考虑现实复杂问题的职业素养。

三、模具工匠工坊的建设成效

我校模具工匠工坊的探索和实践表明，工匠工坊对深入校企合作、教学资源优化、人才培养方案调整、大赛学生选拔等方面有较好的促进效果，在一定程度上满足了培养优秀在校学生掌握精准岗位职业技能，引领带动专业全体学生高质量发展的需求。

1. 深化校企合作

以模具工匠工坊的形式推进产教融合，邀请小微企业入驻工坊，将一部分订单在学校投产，在互相磨合的过程中，双向调整，逐步改进，合作程度不断加深。在学校现有场地设备的基础上，根据企业入坊需要，校企双方合力共建，为注塑模具制件工坊搭建了立体仓储空间；企业将生产使用的注塑设备迁入注塑模具制件工坊，为机房电脑配置了多款逆向设计软件。目前双方共同维护，工坊良性运转。

2. 优化教学资源

企业导师和学校教师共同组成创新型教学团队，在人才培养时各司其职，各有侧重。学校教师利用自身所长，结合教学规律，制定不同实训阶段的培养目标、制订教学计划,参与制定标准化操作流程,完成知识原理的教学等工作;企业导师负责项目实施,传授操作技巧,完成学生分配、分工等工作,促使双方达成默契,共促共进。

在合作的过程中,注重资源的开发和积累是保障工坊持续发展的关键。教学团队反复研讨,形成基础实训项目、实际生产项目等项目资源,并不断优化改进,形成数字化、规范化的教学资源,确保工匠工坊学徒培养质量稳步提升。

3. 推动人才培养方案调整

学校教师在参与工匠工坊管理的过程中,增加了接触行业企业的频次,丰富了企业调研经验。学校教师结合区域经济发展、行业情况、工坊经验,综合考虑专业学生整体水平,对专业人才培养方案进行更加积极主动的调整,提升了专业整体人才培养水平。

4. 促进大赛成绩提升

企业导师与学校教师共同培养大赛选手,积极参与各级各类比赛,模具工匠工坊以短时、高效的方式精准培养了学生,在不断接触实践项目的过程中,学生的成长速度很快。学生参与比赛,在大赛中崭露头角,取得优异成绩的同时,对入坊企业也起到了宣传作用,为企业吸引到了更多优质资源。

(武同,杨莉,原文载于《赢未来》2020 年第 12 期)

编注:职业教育优化作为推进教育现代化的关键一步,产教融合是进行职业教育改革必须坚持的道路。工匠工坊模式,从建设意义与目标、具体实施举措及成效、出现的问题与反思等方面,对深化产教融合的具体路径进行了探索。实践证明,工匠工坊模式在深入校企合作、教学资源优化、人才培养方案调整、大赛学生选拔等方面有较好的促进效果,在一定程度上满足了培养优秀在校学生掌握精准岗位职业技能,引领带动专业全体学生高质量发展的需求。

高职焊接专业技能培养校企合作新模式的探索

一、高职焊接专业现状分析

在当代"宽口径"的职业教育模式下,现代职业教育摆脱不了以理论教学为主的教学方式。学校完成理论教学使学生掌握应有的理论知识,而实际操作技能方面教学泛泛,难以满足企业的岗位需求,企业不能将需求专业的学生的所学直接应用于工作岗位,企业不愿意直接接受学生,造成学生就业困难。

高职焊接专业的学生培养重在技能,技能的培养属于默会知识,具有层次性、不可言传性、不确定性、非逻辑性等特点。学生要通过实际操作过程中的反复模仿和不断体验、练习才能准确掌握并有效运用。大量的实践需要较大的投入。可是,实际的课堂式的现代学校教育模式及其经费、师资、设备、实训场地等因素制约着高职院校焊接专业学生的技能培养。学生焊接技能难以达到社会与企业的需求,难以与社会、企业对接,难以达到国家高职焊接专业人才培养目标和要求。

调研发现,部分高职院校的焊接专业采取校企合作的方式加强专业的建设,并且取得了一定成果,但人才培养目标定位不准确、运行机制不畅、企业参与的积极性不高等问题制约着我国高职焊接专业校企合作技能培养有效机制的建立。我国高职院校焊接专业的校企合作还处在浅层次上,对于深层次的人才培养交流、资源共享合作的局面还没有真正形成。

二、"中机焊接班"技能培养校企合作模式的构建

1. 背景介绍

中国机械工业机械工程有限公司(以下简称"中机公司")始建于1953年,直属中国机械工业建设集团有限公司。公司先后承担建设的有江苏油田、济南第二机

床厂、广州重型机器厂、郑州第二砂轮厂、郑州天然气储备站、广州珠江水泥厂、上海大众汽车厂、香港新机场青马大桥、广州黄埔港新沙码头、上海浦东国际机场、北京首都机场、广州白云机场、深圳华中电厂、黄河小浪底水利枢纽工程等大型国家重点建设项目。随着业务量的增加，企业对高技能焊接人才的需求越来越大。

随着国家对中原经济发展的重视，河南省已经形成了一批有一定影响力的产业聚集区，如以汽车及零部件、装备制造、电子信息、铝加工为主导产业的郑州经济产业聚集区；以装备制造业为主导产业的郑州上街装备制造产业聚集区；以机械装备、汽车及零部件为主的新乡辉县市产业聚集区等。2012年11月，国务院正式批复《中原经济区规划（2012—2020年）》（下文简称《规划》）。《规划》指出，提升郑州国家区域性中心城市地位，建设郑州都市区及郑州航空经济综合实验区，将郑州定位为立足中原、服务全国、连通世界的国际化航空大都市。这是推进中原经济区建设的关键环节和重大举措。学院作为河南省的重点高职院校，肩负着培养服务于中原经济发展的高技能人才的重任。焊接专业是新近开设的全新专业，目前学院有185名学生正在进行焊接专业的学习。作为高职层次的焊接专业学生，按照既定的培养目标，毕业时理论上要达到掌握相关的专业知识能力，实际操作上要达到中级工的水平，个别学生要达到高级工水平的要求。焊接专业的建设是一个投入相对比较大的专业，教师队伍、实训设施的建设等难以在短时间内一步到位。目前，学院的实际情况是缺少理论与实践教学人才，缺少相关的实验室与设备，实训费用严重不足，缺少工学结合的对接，等等，这些问题严重制约着学院焊接专业的发展，如不能及时解决，将极大地影响学院焊接专业学生的培养质量。

在此背景下，学院和中机公司开展校企合作，中机公司在学院设立订单班（中机焊接班），以中机公司的实际技能要求为标准，以中机公司为主，学院为辅，共同制订培养计划，促进学院学生到中机公司实习、就业，合作时间为一年半。具体合作内容为2013年3—6月学生在校内完成理论与实训教学（上午上理论课，下午及晚上实训），2013年7—10月假期学生不放假，全天集中技能培训，2013年11月—2014年3月学生进入企业进行考证前的重点、难点突击训练，2014年3月后进入企业顶岗实习，2014年7月正式在企业就业。

2. 焊接专业技能培训中机模式内涵

学院作为国家示范性高等职业院校立项建设单位与中机公司合作，通过整

合校企资源、改革实践教学方法,探索出"一个中心,两个互补,三个促进"的校企合作模式,具体内涵如下:

(1) 一个中心。将校企合作落到实处开发,使之为人才培养更好地服务,注重培养质量,注重在校学习与企业实践相结合,注重学校与企业资源、信息共享的"双赢"模式,培养适应社会主义市场经济需要的,具有诚信与负责任品质的,能胜任焊接生产、技术开发、管理、经营的第一线及焊接设备的安装、调试与维护等工作的高素质技能型专门人才。

(2) 两个互补。一是企业与学校的互补。相对于学校来说,企业的优势是拥有众多实践动手能力强、解决生产实际问题能力强的高技能人才,他们知道"怎么做",可以为学校的专业教学提供指导和技术支持;学校教师则具有系统的理论知识和教学能力,他们懂得"为什么这么做",可以为企业提供员工培训、技术攻关等服务。因此,学校和企业之间可以实现优势互补、共同提高。二是师傅与徒弟的互补。焊接专业的学生,在校企合作中扮演的是徒弟的角色,相对于企业的师傅而言,具有一定的理论知识,但实践经验非常欠缺。在生产实践过程中,学生能够在师傅带领及指导下,把理论知识运用到实践之中,并通过实践得到的体验,迅速加深对专业基础理论知识的理解,提高解决实际问题的能力,因而实践活动的开展有利于激发学生的创造意识和热情。另外,随着科学技术的进步,生产工艺日新月异,企业的师傅一定程度上缺乏可持续发展能力,因而在校企合作中,师傅可以在与徒弟的共处中提高自身的理论知识素养,从而实现教学相长。

(3) 三个促进。通过校企合作培养,学生在实际生产岗位上接受师傅手把手的教学,与企业员工同劳动、同生活,可以切身体验严格的生产纪律、精益求精的技术要求,感受劳动的艰辛、协作的价值和成功的快乐,使毕业与就业快速接轨,促进学生职业生涯发展。

学校通过对现有教学模式的改革与创新,探索出一条全新的教学模式,该模式的成功成为教学改革与创新上的一个亮点,对其他专业具有示范作用;弥补了学院焊接专业师资队伍的人员及实训设备与场地的不足;缓解了学院焊接教师队伍建设、焊接实训室建设与实际需求的矛盾;节约了实训耗材的消耗;稳定和扩大了学生就业的渠道,促进学校职业教育发展。

校企合作符合企业培养人才的内在需求,学校让合作企业优先挑选、录用实习中表现出色的学生,使企业降低了招工、用人方面的成本和风险。此外,学校通过实习基地这个窗口,为企业提供专业培训和咨询服务等多元化服务,协助企业解决生产过程中的技术和管理问题,增强企业的技术创新与市场竞争能力,有利于企业实施人才战略,促进企业可持续发展。

三、校企合作模式的实践成效

该校企合作模式的运行实践,取得了良好的成果,具体成效如下:

(1) 中机公司累计投入 130.797 5 万元,除去固定资产投入 6.87 万元,学生实际实训消耗 123.927 5 万元,平均实际实训消耗 2.582 万元/人,远超过学生的 3 年学费总和,保证了实训需求。

(2) 2011 级焊接专业全体学生已 100%通过焊接中级工理论考试,就业率达 100%。截至 2013 年 10 月 28 日,2011 级有 28 名焊接专业学生参加了压力容器焊工操作证的考试,通过 24 人。

(3) 企业派遣 5 名能工巧匠来学校共同制定企业岗位技能需求训练项目专项教案 6 份,承担实训教学累计完成 1 080 学时。与企业生产实际相结合申请实用新型专利 1 项(焊接训练模拟装置),并共同研制改装出等离子弧切割机 1 台。

(邓小君,原文载于《焊工之友》2016 年第 7 期)

编注:学校教学内容与社会需求对接不紧密、学生实践能力不足、校企合作效果欠佳等是职业教育工作面临的普遍问题,河南职业技术学院焊接技术及自动化专业,与我国知名企业中机公司携手,探索并实践了"一个中心,两个互补,三个促进"的校企合作新模式,实现了学校和企业的紧密对接,为高职焊接专业技能培养的可持续发展寻找出一条职业特色的道路。

订单班的网络微格教学系统设计

一、传统微格教学系统组成及现状

早期的微格教学系统主要由教师、学员、摄录设备、语音设备等构成,主要是教师在短时间内讲授一段教学内容后,将录制视频进行回放以便进行自身评价及不断完善,回放过程也可在视频中再插入讲解或将视频转播。传统微格教学系统现状如下:

1. 学员对微格教学的理论知识掌握不熟

订单班学员如果利用传统微格开始微格教学课程学习,由于对理论知识不够重视,仅限于考试时的突击,重点把握不够好,实践少,有的微格教学课程甚至没有对应的微格教学的相关素材,加上微格学习资源少,学员就不知道如何学习。

2. 微格教学指导教师匮乏

订单班微格训练少不了指导教师的专业点评,但部分学校的指导教师匮乏,订单班微格课程只是由各自的导师指导,虽然指导教师在学术领域的能力较强,但是在微格教学技能方面仅靠导师的评价并不能全面地发现学员在教学方面的不足。学员间的互评和自我评价也相对不完善,很大程度上影响了学员教学技能的提高。

3. 订单班微格课程示范资源缺乏

现阶段,优秀的微格教学共享资源相对较少,专属订单班的微格教学内容更少。微格教学模式单一,微格教学视频失去了原有的专属性,缺乏创新,不能引起学员注意。

二、订单班的网络微格教学系统设计

网络微格教学应该由以下设备系统构成:多媒体教学系统、教学录制系统、微格教学网络化系统。其中微格教学网络化系统是重点,它应包括教师授课方式网络化、教学录制系统网络化，教学内容及教学录制视频保存在学校私有云中，并提供网络教学平台，供网络终端及移动终端随时访问。网络环境下的微格教学系统，充分利用技术的发展，实现了订单班教学内容的实时存储和共享，提高了设备的利用率，为培训学员提供了更多的实践机会，主要系统功能表现在提高了微格教学的技术性，回放过程更为灵活，评价方式也更为灵活和开放，评价反馈信息更加真实。

网络微格教学过程主要包括：首先，教师利用网络化的微格教学系统布置课前任务，订单班学员利用计算机终端和手机终端访问教学平台中微格教学课前任务，进行前期理论学习；其次，在微格教学中，教师进行某一片段知识讲解后，录制的视频会通过微格教学系统保存在教学平台的私有云中，学员根据教师讲解内容进行实践训练，其中关键在于当学员实践过程中出现教学内容遗忘时，可以随时访问教学平台中的录制视频进行回看，学员这时可以利用自身移动终端设备，也可以利用计算机设备进行访问，提高了学习效率，便于自身评价，视频资料较好地覆盖到了所有学员；最后，学员实践后，教师随机抽取学员进行自身实践演示，教师可以进行课堂评价或课后评价。这一过程由微格教学系统录制视频，并将视频上传至教学平台私有云中，便于学员通过网络课后针对相应知识点进行回顾，重点可以帮助学员学习其他学员在出现某项错误过程时，教师是如何进行纠正的。

三、网络环境下的订单班微格教学设计的评价

利用微格教学系统训练学生的教学技能主要包括：教学设计技能、教学操作技能、教学评价技能。其中，教学评价技能是通过各种考核、测试收集经过训练后取得效果的过程，将取得的效果数据化，然后对这些数据进行分析和评判，找出在教学训练中存在的问题和不足。随着现代化技术水平发展，在传统的微格教学中已经加入信息技术设备，但网络化的微格教学是对传统微格的重要扩展，其可以有效提高微格教学中教师、学生在教学系统中的现代化水平。基于订单班的网络化微格教学是高职院校在订单班教学中的重要应用，它能有效提高订单班教学水平，显著提升学员课前、课中、课后对教学内容的学习及自我评价，更能为高职院校在短时间内给企业提供特定学生提供有力保障。

（李明，李小强，原文载于《科教文汇》2020年1月下）

编注： 微格教学系统设计是微格教学的重要环节，基于订单班的网络微格教学系统设计是以微格教学理念建立订单班教学系统，用于满足订单企业教学内容的碎片化需求，在教学中对订单班中特殊的教学内容进行分段、分片讲解，微格教学系统将该过程进行录制并上传至学院私有云中存储，课堂实践中遇到问题可以利用网络私有云获取教学内容。基于订单班的网络化微格教学是高职院校在订单班教学中的重要应用。

成果导向（OBE）的专业教学诊断与改进

一、成果导向专业建设、诊改实施路径

以《国家职业教育改革实施方案》为总引领，河南职业技术学院积极参加国际专业认证，精准描绘自我发展的蓝图，加强自身建设，推动品牌专业、重点专业与产业深度融合；校企协同开发重点产业的创新型人才培养体系，建立重点产业技术、技能积累联合体与创新服务体系，提供资源条件、技术研发、技术成果转化与推广、技术人才培训与交流等服务，探索成果导向专业建设、诊改实施路径，实现校企双方合作共赢。

（一）对接产业，精准分析，确定专业人才需求

高职教育的实施主要从专业建设、人才培养规格、课程改革、持续改进的改善机制四方面展开。学校层面，需对其内外部需求进行调研，其中内部需求主要从学校定位与发展目标、学生发展以及教职员工的职业发展期望来展开，外部需求则需要基于国家的发展要求、行业与产业的需求、企业需求、校友的期望、家长的期望等，按照国家的要求、行业特色、公民准则、职场需求、学校定位等完成学院的校级目标初稿的制定；学院领导、专业负责人、行业（企业）代表、教工代表以及核心职能部门负责人组建能力构建核心小组，通过开展对行业、企业、用人单位毕业生就业情况（包括就业率、月收入、就业现状满意度、工作与专业吻合度、职业期待吻合度、离职率、离职类型、离职原因、校友推荐度、校友满意度、教学满意度和教学工作满意度等）进行调查、问卷和访谈，凝练总结专业的人才需求状况。

（二）需求导向，岗位驱动，确定专业人才培养目标

重新梳理人才培养目标，对毕业生就业能力及其在毕业后3～5年能够达到

的职业能力进行分析总结。根据行业企业需求，组织试点专业毕业生、相关企业和专业教师共同分析毕业生就业岗位要求的知识、能力、素质，明确试点专业人才培养规格，制定专业人才培养目标和专业教学标准，以数控技术专业为例，如图1所示。

数控技术专业

> 本专业培养理想信念坚定，德、智、体、美、劳全面发展，具有一定的科学文化水平，良好的人文素养、职业道德和创新意识，精益求精的工匠精神，较强的就业能力和可持续发展的能力；能完成零件多轴加工工艺制订、加工程序编制、能操作多轴数控机床完成零件加工、能检测零件质量，以及对数控机床的维护；面向装备制造、航空航天、汽车制造等领域相关专业群，从事工艺制订、程序编制、数控设备操作、零件检测、机床维护等工作的高端技术技能人才。学生毕业3~5年能够成为企业技术骨干或生产管理人员。

人才类型　专业领域　职业特征　专业能力　非专业能力　职业成就

图1　数控技术专业人才培养目标修订

（三）根据人才培养目标，确定专业预期学习成果

在确定人才培养目标后，有效设计本专业的预期学习成果（即毕业要求），根据毕业要求中确定的各项目标，对知识、能力和素质进行模块化分解。模块分解的大小要比较适宜，太大、太小都不便于课程体系的构建，同时要尽可能地使这些学习成果易于理解和考核。将工作领域的职业活动需求转化为学习领域的预期学习成果要求，确保专业教学标准对接岗位职业标准。各模块既具有一定的弱耦合性，又具有一定的相对独立性，便于后续课程体系的构建。

（四）根据预期学习成果设置课程体系

根据预期学习成果重新架构课程体系。预期学习成果由不同板块的课程来实现，根据每门课程对毕业要求的支撑度绘制课程体系矩阵图，一个预期学习成果可对应多门课程，一门课程也可以完成多个预期学习成果。根据课程对预期学习成果的支撑力度分配专业核心课、专业基础课和公共基础课等的权重，见表1。

表1 河南职业技术学院数控技术专业课程支撑毕业要求表

课程类别	学分		课程名称	工程知识	问题分析	设计/开发解决方案	调查研究	现代工具的使用	工程与社会	环境与可持续发展	职业规范	个人与团队	沟通	项目管理	终身学习
专业基础课	24学分	1	机械制图*	H	H			M			M		M	L	
		2	金属材料与热处理	H	H	M				L	H			L	
		3	公差配合与技术测量	H	H	M	H								
		4	机械设计基础*	H	H	L	M				M				
		5	液压与气压传动*	M	L		L			M	L				L
		6	数控机床电气与PLC	M	L		L			M					L
		7	机械产品CAD三维建模	M	L	M					M				
专业核心课	17学分	8	机械制造技术*	H	H	H	H	H	M		M		H		
		9	数控加工工艺与编程*	H	M	H									L
		10	多轴编程与加工技术*	H	M	H						M	L		L
		11	工业机器人操作与编程*	M	L		L			M	L		L		L
		12	多轴数控机床	M	L	H	L			M					L
专业拓展课	3学分	13	增材制造技术			H		M		L					
		14	夹具测绘与设计			H		M		L					
		15	智能制造技术			H		M		L				M	

（五）构建从专业到课程，再到课堂的三层嵌套式专业、课程教学诊改循环

试点专业教师多次召开专业研讨会，最终确定"专业教学目标—课程教学目标—课堂教学目标"三者之间的协调对应关系，即多个课堂教学任务支撑起课堂教学目标，多个课堂教学目标支撑起课程教学目标，多个课程教学目标支撑起专业教学目标。专业教师通过在课堂中发布典型工作任务、发布活动，完成多门课程分解的教学目标，以此实现专业教学目标的达成。

教师在专业管理系统中录入专业教学标准和课程教学标准，教师通过在"河职云课堂"建设校级标准课，实现标准贯通到课堂教学中，达到无感知实时记录课堂教学情况。通过诊断分析系统对照毕业要求指标点，对"河职云课堂"实时留存的源头数据进行诊断分析，实施"8字形"质量改进螺旋中的动螺旋（也称小螺旋）即课堂诊改，任课教师或教学领导也可以通过课堂监控大屏了解当日的教学情况。学期末，诊断分析系统将本学期学生的知识点、技能点和素质点的掌握情况对照质量标准进行诊断分析，形成诊断分析结论，各专业根据诊断分析结论实施改进，实现"8字形"质量改进螺旋中的静螺旋（也称大螺旋）。

（六）优化系统平台为专业教学诊改提供数据支撑

基于成果导向教育理念制订的人才培养方案、课程标准等结构化存储于专业管理系统，"河职云课堂"利用信息化平台承载教学资源，面向全院教师和学生，进行教学组织实施及评价，满足课前、课中、课后不同的应用场景，为师生的精准能力画像提供数据支撑。将OBE成果导向理念融入专业诊改工作中，通过信息化教学诊断与改进系评价学生专业人才培养目标的达成度、学生素质能力和工程技术人员工作要求的满足度，随时获取学生对培养目标达成情况的反馈，并且根据教学过程对培养目标进行修订，使专业能够在常态化的教学过程中，不断反馈和评价教学效果，找出需要改进的薄弱环节，改进专业教学相关要素和环节，实现教学质量自主提升。

二、构建多元化生态评价机制

做好学习成果的评价是成果导向教育的必要环节，也是人才培养质量的坚实保障。教学效果的评价应当鼓励利益相关方的参与，尤其是学生、企业和各级教育主管部门、教师等参与。成果导向教育人才培养目标的达成情况的评定采

用直接评定为主、间接评定为辅的生态评价机制。此评价机制将课程目标与学生的学习成果、职业目标、毕业要求相结合，开发适合学校、教师、学生操作的简易学习成果量化表，运用信息化手段，将阶段性的数据评估同实时动态小样本相结合，对学习成果予以评定，及时发现课程与教学中存在的问题，并在此基础上持续改进。

（王莉娜，原文载于《商情》2021 年第 23 期）

编注： 高等职业教育要实现高质量发展，需融入国际先进教育理念，河南职业技术学院将成果导向(OBE)国际理念引入专业建设诊改中，通过对接产业，精准分析，确定专业人才需求，由专业人才需求精确制定专业人才培养目标，凝练专业预期学习成果，优化课程体系，构建专业诊改循环，对深化专业内涵建设、凝练专业特色、提升人才培养质量发挥着举足轻重的作用。

多轴数控加工 1+X 证书探索与实施

一、多轴数控加工职业技能等级证书

(一) 职业技能等级标准

多轴数控加工职业技能等级标准（初级）要求学生掌握多面零件的平面、垂直面、斜面、阶梯面、倒角铣削加工技术，能够完成复杂零件的平面轮廓（型腔、岛屿）铣削加工，完成曲面中圆角面、圆柱面的简单曲面铣削加工，孔类中（通孔、盲孔）的钻孔、扩孔、铰孔、铣孔等加工，槽类中的直槽、圆弧槽、T形槽等加工。

多轴数控加工职业技能等级标准（中级）不仅要求学生掌握上述内容，还增加了曲面中常规曲面特征（以拉伸、旋转、扫掠的方式建模）的铣削加工等。

在上述初级和中级标准的基础上，多轴数控加工职业技能等级标准（高级）考核增加了曲面中网格类、弯边类型曲面的铣削加工，特殊造型中叶片类薄壁特征加工、弯管类造型加工。

(二) 考核方式及考核时间

考核方式包含理论知识考试、三维建模、自动编程、仿真、实操等考核。理论知识考试采取题库自动选题的方式；职业素养与技能操作考核同步进行，采用现场实际操作方式，并全程录像。理论知识考试与技能操作考核满分均为 100 分，两项成绩皆合格方能取得职业技能等级证书，每项成绩的有效期为半年。

考核时间：理论知识考试时间为 60 分钟，初、中、高级技能操作考核时间分别为 180 分钟、240 分钟、300 分钟。

二、多轴数控加工教学设施建设

目前，学院与多轴数控加工技能等级证书相关的实训室主要有 CAD/CAM

实训室(一)、(二)、(三),仿真技能实训室以及多轴创新实训室,能够满足整个班的学生进行软件操作和半个班的学生进行机床实操内容训练。实训室的软硬件配置见表1。

表1 多轴数控加工实训室配置

实训室名称	实训设备/软件	台套数	实训项目
CAD/CAM 实训室	计算机	80 台×3	
	NX 11.0	80 点	CAM 自动编程
仿真技能实训室	计算机	30 台	
	VERICUT 6.3	30 点	VT 多轴仿真
多轴创新实训室	智能高速五轴数控机床	10 台	多轴机床实操

三、多轴数控加工教学团队建设

教师在贯彻 1+X 证书制度的过程中发挥着重要作用。2020 年 7 月,武汉华中数控股份有限公司举行第一期师资培训班,学院派出骨干教师董延参加培训,学习 1+X 证书制度的相关政策法规与实施方法,以促进教学内容改革,提高教师自身技能水平。

2020 年 8 月,学院承办了多轴数控加工职业技能等级证书(中级)全国第三期师资培训班,机电工程学院有 3 名教师参加了培训,并获得培训证书。教师董延作为助教,全程参与了学员的培训工作。

2020 年 9 月,河南省 1+X 证书多轴数控加工师资培训班在学院举办,此次培训班董延作为主讲教师,杨亮华作为辅讲教师,童建伟和张新军作为实操指导教师,圆满完成了培训工作。

至此,学院有 5 名教师获得了培训师、考核师的资格。同时学院结合专业特点,积极开展考前培训,完成了 30 名学生的培训与考核工作。

四、课证融通的路径探索

(一)课证融通的目标

职业院校是 1+X 证书制度试点的实施主体,应依据国家专业教学标准,参考职业技能等级标准,不断修订完善人才培养方案,融入证书内容,完善课程标准,使课程内容有机衔接;采用虚实结合、线上线下结合的教学模式,提高学生兴趣,提升人才培养质量;加强考前培训,帮助学生顺利获得职业技能等级证书,同步探索专业课程与职业技能等级证书课程的融合,使其同向同行,学生既能获得学历证书学分,又能获得职业技能等级证书。课证融通既是1+X证书制度的目标任务,又是书证融通的必由路径,其终极目的是提升职业教育质量和学生就业能力。

(二)"1"和"X"之间的关系

"1"和"X"是主证书与辅证书的关系。"1"是学生学历教育的主体和基础,是实现德智体美劳全面发展的专业技术技能教育;"X"是"1"的辅助,帮助学生获得职业技能、职业素质、新技术和新技能,提升个人综合素质。"1+X"是一个有机整体。经过试点,在满足职业岗位需求的"X"证书开发、实施后,职业教育专业课程体系可能全部与相应的1个或多个"X"实现融通,从而使"X"和"1"融合为一个整体,职业教育培养的高水平创新型、复合型技术技能人才,就能够得到社会、行业企业的广泛认可。

1. 强化作用

"X"重点对"1"中的劳动教育、知识、素养、职业技能等进行强化。在强化职业能力中,应始终坚持将企业的职业能力要求有机融入专业教学中,以此夯实学生自主学习、终身学习的效果并提高职业素养,为个人可持续发展奠定基础。同时,强化关键工作领域中典型工作任务所需的知识、技能和能力。

2. 补充作用

一是通过"X"对"1"中的行业企业新技术、新工艺、新规范及新要求等及时进行补充。二是对各专业"1"中涉及企业的基本市场开发、成本控制、客户服务和管理等企业关注的职业核心能力要素进行补充学习和训练,有效实现学校教育教学、人才培养水平与企业工作岗位需求的无缝、同口径对接。

3. 拓展作用

对"X"和"1"中涉及的职业领域、培养的职业能力等进行拓展提升,包括"1"之外涉及的新领域理论知识与技术能力的拓展,使学生成为复合型人才,进一步提升学生就业质量。对互联网、大数据、云计算、物联网和智能制造等新技术、新工艺、新规范及新要求进行拓展学习和应用,以满足信息技术发展对各行业、各职业提出的新要求,提高毕业生职业持续发展能力。

(三) 融通方法

1. 内容补充

"1"中的理论知识和专业技能未能达到"X"证书的特殊要求,需要对"1"的内容进行升级与重构。

2. 内容强化

"1"中部分知识点和技能点与"X"证书有重叠的部分,职业要求与"X"证书要求程度、方向不尽相同,需要提高"1"中相应知识、技能的教学要求。

3. 能力转化

"1"中的理论基础符合"X"证书要求,但学生不能做到活学活用,不满足"X"证书要求。需要改进"1"中的相应知识对应的操作能力培养,同时需完善实践教学条件,改进技能提升方法等,将知识通过有效的训练,内化为符合"X"证书要求的技能与能力。

4. 新增课程

"1"中的课程未能覆盖"X"证书标准的部分,需要新增一门或多门课程解决。同时,需要不断完善、修正原专业课程体系。

(四) 重构课程体系,优化课程内容

针对数控技术、模具设计与制造等专业,结合1+X证书制度,构建了"基础共用、模块共享、拓展互选"专业群课程体系。基础共享课程主要是培养机械工具使用、机床使用、计算机应用等基础职业能力,包括"制图""公差""材料""机械设计"等课程。专业核心课程主要培养学生数控加工与编程、模具设计与制造等职业能力,其中数控技术专业核心课程为"数控编程与加工工艺""多轴编程与加工技术""液压与气动技术"等;模具设计与制造专业核心课程为"模具设计""模具制造技术""多轴加工技术"等。互选岗位拓展课程,包括"智能制造专题讲座""智能制造项目研究""智能制造前沿"等。

通过变"数控加工工艺与编程"为"多轴加工工艺",变"夹具测绘与设计"为"工艺工装设计",变"CAM编程实训(实训)"为"NX自动编程",契合证书要求内容;通过强化、补充和拓展内容,将"1"与"X"有机融合,重构专业课程体系(表2)。

表 2 课程体系重构(以数控技术专业为例)

专业名称	数控技术(多轴加工)		层次		大专	
学校名称	河南职业技术学院					

课程名称	学分	转化后课程	学分	强化内容		补充内容		拓展内容	
				内容	学分	内容	学分	内容	学分
机械制图	6	CAD绘图与读图	8	CAD制图	4	多向视图读图	1	曲面零件识读	1
金属材料与热处理	2	机械工程材料	3			材料加工性能	1		
公差配合与测量技术	1.5	公差设计与控制	2			尺寸控制技术	0.5		
机械产品CAD三维建模	3	CAD三维建模	4			复杂零件造型	0.5	曲面零件造型	0.5
机械制造技术	5	机械加工工艺	5	刀具切削性能	1				
数控加工工艺与编程	5	多轴加工工艺	5					多轴工艺分析	0
多轴编程与加工技术	3	多轴编程	3	手动编程能力	1	程序分析与修改			
多轴数控机床	3	多轴机床	3	机床与系统	1				
夹具测绘与设计(拓展)	1	工艺工装设计	2			多轴夹具设计	1		
数控机床操作(实训)	1.5	机床操作	1.5	对刀与参数设置	0.5				
CAM编程实训(实训)	3	NX自动编程	4			多轴定向加工	0.5	多轴联动加工	0.5
数控仿真技能(实训)	3	VERICUT仿真	3	使用VT仿真	0.5				
数控车削加工技能(实训)	1.5	数控车操作	1.5	机床操作与对刀	0.5				
数控铣削加工技能(实训)	1.5	数控铣操作	1.5	机床操作与对刀	0.5				
多轴加工实训(实训)	3	多轴加工培训	4			多轴定向加工	0.5	多轴联动加工	0.5
精密检测实训(实训)	1.5	三坐标测量技术	1.5	三坐标测量	0.5				

(董延,原文载于《教育教学论坛》2022年8月期)

编注： 多轴数控加工1+X证书制度是高职数控技术专业学生拓展就业路径，提高就业竞争力、个人综合素质及创新创业能力的重要制度。实施1+X证书制度，能够更好地促进学生的可持续发展与提升。以河南职业技术学院数控技术专业为例，立足于多轴数控加工初级和中级证书获取，从背景意义、教学设施建设、教学团队建设、课证融通的路径探索等方面进行阐述，以期提高数控技术专业的人才培养质量。

模具专业"数控编程与操作"课改研究与实践

一、原有教学方式及其弊端

此前"数控编程与操作"课程的教学安排是先"理论"后"实训":先在教室进行72学时的理论知识学习,依据教材把数控加工工艺基础知识和编程指令用法通讲一遍;然后再进行60学时的实训练习,这包含数控车削实训和数控铣削实训(各30学时),其中每种实训再细化为熟悉机床基本操作、编程与对刀(各6学时)和加工练习(12学时)。

这种"理""实"分家的授课方式有五个弊端:第一,它无视学生"零基础"的实际状态,忽视了学生在没有实践经验支撑的情况下对有关抽象理论知识的接受能力是非常有限的这一客观情况,学生对整个听课过程感到很抽象,对有关工艺知识和指令的理解就非常有限,甚至完全不理解不会用;第二,这种授课方式割裂了有关技能知识的完整性和系统性,因为理论课上无法把包括隐性知识在内的知识体系完整地呈现出来,所以,学生充其量是对有关知识的显性部分"略知一二",在课堂上无法实现意义的建构,因而72个学时学下来,虽然"课时"完成了,知识点也面面俱到地学习了,但学生的学习效果却不够好,大部分学生因听不懂而弃学、厌学;第三,等到上实训课的时候,学生几乎忘记了曾经学过什么,也不知道该怎么做,这使得实训教学任务很重,实训教师基本上要重新教指令怎么用、程序怎么编、机床怎么操作等,忙碌中安全隐患就会增多,久而久之,实训教师就可能放弃编程方面的再教学,而是给学生提供一个可以安全运行的程序,让学生在机床前把这个程序运行一遍,加工出轮廓即可,很显然,这样的实训使学生仅仅练习了基本的机床操作技能,与培养目标的要求相去甚远;第四,执教纯理论课的教师很容易在教学过程中"形而上",只进行知识的堆砌,脱离实际应用,因而学生很难编出实用的程序;第五,从素质教育的角度看,这种学习模式非常不利于培养数控加工技术所需要的严谨认真、勇于探索的工作作风,仅仅是"理论灌输"非常不利于培养学生的自学能力和钻研精神。

那么,怎样做才能让学生学好这门课呢?笔者认为应从以下三个特征出发,提出新的教改方案:一是学生的实际状况——零基础,无实际经验;二是该门课程的特点——逻辑性强,适合"做中学";三是工作岗位特点——复杂程度高,要求严,忌讳一知半解。

二、课程改革思路

培养理念上以学生为中心,着重培养学生的职业能力、继续学习能力和解决问题的能力,不仅仅是强调理论知识传授了多少,而且重在加强能力的培养与提高。

课程目标方面,在立德树人的大方向下,帮助学生认识数控编程与操作的基本规律和特点;形成适合数控加工要求的学习方法,为今后在职业生涯中的继续学习奠定基础;培养学生严谨认真、吃苦耐劳、勤于思考、勇于探索的工作作风。具体到每个学生,学习目标弹性化,在引导的基础上因材施教。

学习内容以国家职业技能鉴定标准为指导,充分契合企业工作过程和岗位要求,以工作任务为中心组织内容,并做出初步规划:以先易后难、循序渐进为原则,通过"做中学",借助情景和条件的变化,引导学生领悟和反思,在不断巩固基本技能的过程中逐渐提升学习难度。具体来说,拟把教学内容分为"数控车削编程与加工"和"数控铣削编程与加工"两部分。其中"车削"分为"数控车床的认识与操作""简单指令的编程与加工""单一固定循环指令的编程与加工""复合固定循环指令的编程与加工""宏程序的编程与加工"五个模块,依次进行;"铣削"分为"数控铣床的认识与操作""外轮廓的编程与加工""孔的编程与加工""槽的编程与加工""对称轮廓的编程与加工""宏程序的编程与加工"。如果条件允许,再追加"基于加工中心的配合件的编程与加工"等内容。

教学形式采用边学边做的理实一体化形式。5~8人为一组,每组设组长和"小先生"各一名,其中担任"小先生"的学生既当学生又当老师,专司学习上的"领、帮、带"。设立学习小组有两个目的:便于教师组织管理,解决教师少学生多、机床前讲课受众有限的问题;再就是通过角色转换来增强学生的爱心和耐心以及提高学生语言表达能力、团结协作精神等素质,并促进其思考、加深对有关知识点的理解。

考核方式采用过程评价与结果评价相结合,突出编程能力的培养,强调参与学习过程的重要性,强调个人努力程度和综合素质的提升。

三、课改实践过程中的新情况

1. 结合学校实际情况,调整了理实一体化教学形式

由于传统的实训课的教学周已经排满,实训设备也已全部占用,原计划的理实一体化上课不得不改成白天先在教室学习知识(4学时),等晚上实训室空出来后再去实践2学时,每周如此;而且为了符合有关管理规定,相关安排不得不提前固定下来,这多少影响了中后期因学情需要而调整的灵活度。尽管如此,这种边学边应用的学习方式还是大受欢迎,几乎每次实训都要或多或少地延长上课时间。

2. 适应学情,放缓进度,突出对"编程方法"的学习

经过两周的学习,发现操作数控机床的复杂程度,远超大部分学生的预期,他们需要一个适应、熟悉的过程;而程序的结构和内在逻辑关系,更让大部分学生难以适应,难以入手。为适应学生的情况,放缓了讲解知识的进度,突出了对"怎么编程"的讲解。

3. 采用灵活多样的教学策略,努力保证教学效果

理论课堂上采取"小步走,慢讲,精讲"的策略,由易到难,力争不落下每一个学生,并鼓励大家课堂提问,亦鼓励其他学生尝试解答。课下布置难度不同的编程作业,并借助微信或QQ,分层、分类辅导。针对少数"拒绝学习"的学生,及早给他们明确最低学习要求;对于学习进步快的学生,则以鼓励和引导为主,通过指引方向、提供学习资料并提倡自学,渐渐培养起浓厚的学习兴趣。随着学习的深入,在掌握了编程方法之后,兴趣的重要性越来越明显:很多学生自学了很多指令,甚至完成了原本看似不可能完成的学习任务。

4. 小组学习在实训环节作用明显

在明确而严格的要求下,班长、学习委员、各组长和"小先生"相当负责任,基本实现自主管理(时间的分配、刀具和量具的收发、机床的使用与维护),组员之间互帮互助,分享学习体会,良性竞争,每次下课时打扫卫生的小组都很积极,没有推诿现象。

5. 尽可能把素质教育融入整个教学环节之中

理论课上强调思辨能力、学习方法和语言表达能力；实训环节强调诚信、严谨认真、自律和自我管理意识、互助和奉献精神等；课下有意识地培养学生的自主学习能力、独立思考和解决问题的能力等；还有一点虽然没强调，但几乎每个学生都很自觉地用行动或语言表达了他们的尊师爱师之情。

四、课改体会

1. 激发兴趣，用兴趣引领学习很重要

前8周几乎都是在强化基础上做功课，并没有急于提高难度或加快进度，特意给出时间和空间，通过教师、组长和"小先生"的传、帮、带，把更多的同学引上路，尽量减少掉队人数，有意识地逐步培养学习兴趣。所以到收尾阶段，才有了参与人多且积极性高的局面。在完成指定的学习任务之后，允许学生自主选择形状独立加工，而这种"放任"却产生了令人意想不到的"遍地开花"的效果。29名学生中居然有21人加工出了外形精致可爱且有加工技术难度的产品，这是教改前期绝对想不到的事情，值得进行总结：首先精致的轮廓吸引了学生，接下来就会很积极地想办法实现，这个过程里面包含着对加工工艺、编程、刀具选择和装夹方法等的思考、试行和纠错等一系列思想和行为，是一个很有价值的学习体验过程，而最后的成功则增强了学生的自信和对学习的强烈兴趣。

2. 教会学习方法比掌握知识更重要

在短短10周的学习过程中，教师一直强调基础要扎实，学会学习方法比掌握多少指令更重要。事实证明这样做是对的，比如在教学过程中，鉴于学情，放慢了进度，所以像内孔加工、镜像指令和宏程序等都没有时间在课堂上讲授，但最后的结果表明，一旦教会他们学习方法，这些知识根本不用老师再强调，学生自己边学边做就掌握了，这表明他的学习能力变强了，而且学生颇有自豪感，也表现得阳光、自信、自觉、勤奋和热情等。

3. 强调学习过程的意义建构

知识点少而精，优先考虑所学知识和技能的基础性、通用性和实用性，强调学生在学习过程中的意义建构。把学习内容分成必修和提升两部分，让学生结合自身情况进行选择。每个教学单元都以理论够用、在应用中内化有关知识和观念、锻炼综合职业能力、重视学习效果为原则进行组织。

4. 教学要尊重学习规律

在了解高职学生特点和该门课程的特点的基础上,无论是调整学习内容还是改变教学方式,实际上都是遵从了认知规律、技术技能人才成长规律等。

5. 把素质教育融入专业学习过程

由于时间仓促、经验不足等原因,实施前未就此列出详细计划,故在教改过程中主要依托教师的多年企业相关工作经验来勾勒素质教育要点,通过教学组织管理来强化具有共性的素质教育的效果,以就事论事的方式来解决学生个体的具体素质问题。概括起来有以下体会:只有结合工作岗位谈素质要求,学生才会信服;只有教师身体力行,学生看到了标杆,自然会模仿。

6. 学习效果明显提高

对比近10年的学生表现,以前能做到自己编程、自己加工的学生通常不超过10%,而这次教改后能做到的人数则占到70%以上;而且对数控技术技能的掌握程度明显不一样,以前只能加工一个简单的外轮廓,这次则加工了螺纹、孔轴配合件,实现了宏程序、主程序和子程序的混合嵌套等;以前是机床闲置等人来,这次是机床明显不够用。从最后的考核结果看,一个班里达到优秀和良好程度的人占六成。

7. 教师的作用很关键

这样上课对教师的要求是比较高的,需要教师对数控技术(编程、工艺、设备)理论知识、数控设备(车、铣)的实际操作和现代职业教育理念都有较高程度的把握,因此,把各有所长的教师组建成教学团队也是个值得考虑的办法。

五、进一步完善优化

时间分配有待优化。这种在不同场所和不同时间段分别进行理论学习与实训操作的学习形式暂时难以改变,在这种情形下,应考虑在学习编程理论之前,先安排几节课让学生适应、熟悉机床的基本操作,这样编出的程序才可能在机床上及时应用。再有就是应增加实训练习时间,但这方面易受到实训场地和其他课程的影响。

通过学生带动学生的学习方式有待进一步优化。目前存在个别"小先生"自己不是很明白或讲不明白的现象,影响了组员的学习劲头。

(郭伟民,原文载于《模具制造》2020年第1期)

编注:为培养出适应社会需要的人才,职业院校就必须不断深化教学改革。在深入分析高职模具专业"数控编程与操作"课程原教学方式弊端基础上,重新定位培养理念、学习目标、课程内容、教学形式和考核方式,动态调整教学策略,激发学生学习兴趣,挖掘学生潜力,提升学生学习成效。

融入人文素质教育的数控车削教学研究与实践

一、科学、合理地确定教学目标

(一) 确定教学目标时要考虑的因素

首先,由智能制造带来的企业组织扁平化、岗位要求综合化等,对一线工人的具体操作技能要求在下降,而对不断学习并能运用新技术的能力,分析、解决问题的能力,团队协作及交流能力等的要求则越来越突出。尽管模具制造中单件小批量居多,相对于生产流水线而言,"机器换人"的速度会慢很多,但无人值守加工技术、智能组装技术等先进技术都在快速发展,未来的模具制造现场也同样更需要综合职业能力强的人才。

其次,从学生方面看,现在的高职生绝大部分仍然是从高中及技校(中专)考入的 20 岁上下的年轻人,他们普遍缺乏工作历练和人生阅历,对专业选择与认同以及未来自己的发展方向等,尚都处于思考、变化、发展中。不管将来他们选不选择模具方面的工作,他们肯定都会进入社会从事某一项工作的,从这个角度讲,在专业学习过程中重视人文素质教育,促进学生的全面发展,是对职业教育的根本任务——立德树人的具体贯彻。

最后,从教学安排上看,对数控车削的学习是模具专业的学生接触数控加工技术的入门课,其效果将影响学生对后续数控加工技术的学习兴趣和学习质量。

综上,结合近两年企业问卷调查、实习生跟踪调查和毕业生回访,以及笔者在国外数控加工企业的多年工作经验,对原教学目标做出调整,在注重专业知识和技能的基础上,有针对性地融入更多的人文素质教育目标。

(二) 教学目标的具体化

依照专业能力、方法能力和社会能力的分类,归纳如下:

1. 专业能力

在确定专业能力时注重基础和通用,具体内容见表1。

表1 专业能力的具体内容

安全操作	1. 人身安全、机床安全和工件安全同等重要,具备安全操作的良好习惯; 2. 程序运行中能从声音、跳动等各方面注意各种异常,一旦发现异常应及时暂停、复位或急停,以免发生伤害
动手能力	1. 机床操作准确、稳妥,注意暂停、急停、快速移动速度、进给率和主轴倍率等的正确使用; 2. 装夹不仅仅是如何装夹以及是否贴紧卡盘,装夹后启动时,能够看到工件跳动情况; 3. 能够正确使用常用量具
初步的工艺分析能力	1. 熟悉图纸,看得懂图纸,知道要加工哪些部分以及怎么加工; 2. 看毛坯,知道加工余量; 3. 考虑装夹方法,有时需要顶尖辅助,甚至需要借助工装,使工装固定在卡盘上,然后每次加工时只需要把工件装在工装上即可; 4. 考虑加工刀具,本次加工需要哪些刀具,清楚每把刀的加工部分是什么
编程能力	1. 深入理解指令的含义并在应用中对其有精准把握; 2. 适应并掌握程序结构与编程的基本方法; 3. 初步掌握安全下刀、提刀以及走刀路线和加工顺序的影响等
质量意识	1. 质量优先意识; 2. 粗加工后及时测量尺寸,调试,以提高精加工质量; 3. 精加工后及时在机床上直接测量尺寸,以方便及时调试,避免二次装夹

考虑到教学是以高中过来的数控加工方面"零基础"的学生为培养对象的,为了真正实现"以学习者为中心",体现因材施教,制定程度不同的教学目标就成为必然。在教学实践中基于专业能力,把教学目标从低到高设成三个目标等级:

(1)基本目标:掌握数控车床的基本操作,掌握刀具和工件的基本装夹要求,正确使用游标卡尺进行测量,能够编出以 G01 和 G00 为主体的简单程序并能够看懂常见程序。达到以上要求者可以获得及格及以上成绩。

(2)中等目标:在基本目标的基础上,掌握外轮廓加工的基本编程与加工方法(含复合循环指令的应用和螺纹加工),试件合格。达到以上要求者可以获得中等及以上成绩。

（3）高级目标：在中等目标基础上，能够自主学习新内容并勇于实践、能够触类旁通。比如做出孔轴精密配合件、能够嵌套宏程序等。达到以上要求者可获得高等级成绩。

2. **方法能力**

（1）主动分析原因、解决问题的意识与能力。遇到意外要镇定，努力找到原因，解决问题，并要认真反思，杜绝类似问题的再次发生。

（2）心细。心要细，时刻注意加工过程中发生的异常声响，观察工件跳动和刀具切削情况。有时候一个容易忽略的尺寸就可能导致产品报废，所以，一定要心细。

（3）专心，不能走神，走神时很容易出现装夹问题。

（4）主动思考、学以致用、举一反三。

（5）出现问题一定要及时反馈，保证工作信息畅通。

3. **社会能力**

工作上诚信很重要，企业也很看重敬业、责任感、工作热情、吃苦耐劳、团队精神和交流沟通能力，希望新入职的学生能够正确对待挫折、差错，始终保持乐观向上的心态，尽快具备岗位竞争力。

二、课改实践

（一）基于理实一体化，划分专业内容

把"数控车削编程与操作"分为"数控车床的认识与操作""简单指令的编程与加工""单一固定循环指令的编程与加工""复合固定循环指令的编程与加工""宏程序的编程与加工"五个模块，依次进行，并让学生明确学习的基本目标、中等目标和高级目标。

1. **教学组织**

原来的教学采用的是先在教室集中、系统学习理论知识之后，再到实训车间练习的"分段式"教学模式，其他专业和年级的学生也都是这样排课，由于实训设备有限，传统的实训课已经排满了教学周，实训设备全部占用，所以绝对的理实一体化上课形式实现不了，于是对原设想的理实一体化教学进行了修改，把原来的课堂理论学习改为每周边学边做的理实一体化形式进行：先在教室集中学习相关知识点，然后在实训室演练（白天无场地，等晚上实训室空出来后再去），每

周如此,接着再进行60学时的集中实训。

成立学习小组,5～6人为一组,每组设组长和"小先生"各一名。其中组长是全面负责人,担任"小先生"的学生既当学生又当老师,主要负责学习上的"领、帮、带"。

2. 在教学过程中注重素质教育

(1) 优化理论学习环节

在理论学习环节,优化教学方法,通过启发、互动、纠错等方法调动学生的积极性,提高参与度,培养缜密地分析问题的能力、辩证思考进而举一反三的能力、较专业的语言表达能力和学习能力等。

在学习初期,由于程序的结构和内在逻辑关系复杂让大部分学生难以理解,故放缓了讲解指令的原计划速度,突出了对"怎么编程"的讲解。事实证明这样做是对的:注重让学生掌握编程方法,不是掌握多少编程指令,而是体现了以学生的"学"为中心。效果也很明显,学生在学习专业知识的过程中,掌握程序的逻辑结构、编程的学习方式与思维方式,从而提高了自己在编程上的学习能力,对后续的指令都可以自学并应用。

(2) 优化实践环节

实践环节强调"重复",在重复中形成一些必要的职业习惯,固化为职业素质。比如要求:

① 每次到机床前开始练习时,必须认真检查机床状态,以具体行动强化安全意识;

② 粗加工完成之后必须测量并修改参数;

③ 出现问题时务必要及时联系、如实反映问题;

④ 结束时自觉按要求整理工具、清扫机床,这既体现着企业的"5s",也在培养学生自律和自我管理的意识等。

在整个实践过程中,始终强调对工作应有的严谨认真态度。强调对工作程序、动作规范与质量标准的准确理解和严格执行能力,以体现细心、规范的操作意识,并使之成为习惯。遇到问题时帮助学生分析原因,提高对问题的准确认知与判断处理能力。

借助试件评比,培养质量意识。通过表面质量的比较,帮助学生树立在机械加工产品上的审美观念,为培养精益求精的精神作铺垫。

(3) 培养兴趣,利用课余时间深入学习

要让学生产生兴趣,有了兴趣就愿意投入时间、主动探索,这有助于提高自主学习能力、独立思考和解决问题的能力。进入教学的后半段,很多学生在课下做了充分准备,课堂上效率很高。

(4) 推动学习小组的整体发展

注重学习小组的整体学习质量,在学习中期和终期分别进行评估,以促进团队精神与合作能力培养提高。另外,在学习小组中通过角色转换来培养学生的爱心、耐心并提高语言表达能力等,其间的质疑、讨论与思考可加深学生对有关知识点、技能点的理解与掌握。

三、教学成果与反思

(一) 教学成果与收获

结果表明,激发学生的兴趣,用兴趣引领学习很重要。

基本方法的掌握很重要。作为基础性的学习,教师不一定非要讲很多。像内孔加工和宏程序等都没有时间在课堂上讲,但最后的结果表明,一旦教会学生学习方法,这些知识根本不用老师再次强调,学生自己边学边实践就掌握了。这表明学生的学习能力变强了,而且学生颇有自豪感,表现得阳光、自信、自觉、勤奋和热情。

师生之间的交流很重要。要充分表达对学生的信任和鼓励。一旦学生行动起来了,效果将远超预期。

老师认真负责,起示范作用,学生都会学着认真做事。

(二) 对有关问题的思考

1. 学习时间短促,专业技能和人文素质教育的固化效果都有限

这从以下两个现象的对比可以得到印证:一个是当学生在半年之后重回到数控车床前的时候,已经忘得差不多了;另一个现象是,三年级学生在企业顶岗实习大半年之后,尽管上完夜班很疲惫,但坐下来很快就能把数控车床加工的关键点总结出来,而且大部分内容其实在校内实训过程中都有体现和要求。只是在校实训时还不能深刻领悟,而在企业实习半年之后,学生已经把这些能力要求深刻内化了,以至自己马上就能总结出来。这说明能力的形成是需要时间的,不能一蹴而就,不是"老师讲讲、学生就掌握了"那么简单,需要有一个默会的过程。因此,高职院校与企业在人才培养和使用过程中都应遵循高技能人才成长规律。

2. 能否培养以及如何培养敬业、有责任感、工作热情、吃苦耐劳等品质的人才,尚待进一步思考

作为入门阶段的教育,"敬业、乐业"言之尚早,首先是职业认同感的确立。以近年的教学为例,很多在学习过程中表现优秀的学生随后就转入了"专升本"的奋斗中,尽管他们在学习数控车床期间兴致很高,但显然没有对数控车床产生职业认同感。再以吃苦耐劳来说,企业是比较看重的。从最近的反馈信息看,一些企业对新入职学生的体能要求高,甚于学生入学时的军训程度;提供的岗位的技术含量低,是动手的工作,看看即会,这让踌躇满志的学生对未来感到沮丧。这两方面和学校的情况反差比较大,有些学生很不适应。具体到数控车床教学过程中,比较辛苦、劳累的时候并不多,清理切屑算是个脏活儿、累活儿,但干起来也不过20分钟就结束了。所以像企业希望学生具备的那种程度的吃苦耐劳精神,在本课程教学中还需要继续培养。

3. 实训条件有待进一步完善

校内实训设备少、学生多,实训时间又有限,客观上造成部分学生的实践机会没有或不多,尽管一开始学生也有学习意愿,但慢慢就失去学习动力了。老师少,加之个别"小先生"自己不是很明白,或讲不明白,这也影响了组员的学习劲头。因此考虑在下次教学时,让上一届部分学生回来客串"小先生",但这需要考虑安全问题,需要完善参与机制。可尝试让少数三年级学生在校继续深化数控车削方面的学习,并完成有一定质量的毕业论文,也可以考虑以科研项目或教改项目的形式进行师生合作。

即便是"学得明白"的学生,也只是对典型工作任务有所把握。校内实训毕竟不是企业的实际生产,模拟的环境缺乏真实性,因此,当"信心满满"的学生进入企业顶岗实习时仍然需要"从零做起",首先要熟悉工作流程;企业方面也不能期望过高,而是要引导,使之顺利过渡。

4. 未充分考虑技校学生

此次教学设计,虽然也体现了分层教学的思想,但主要是针对高中生源的学生,未充分考虑技校生源的学生。他们有两个极端:有一定基础、上手能力强的学生和既不会又不学的学生,所以在教学设计中要充分考虑不同层次学生的需求。

5. 高水平师资的引进很重要

只有结合工作岗位谈素质要求,学生才会信服;只有教师身体力行,学生看到了标杆才会模仿。

(郭伟民,原文载于《模具制造》2020年第3期)

编注:在高职数控车削教学中,经社会调查与研究,明晰与"数控车削"教学相关的人文素质的具体内容,制定体现素质教育的专业课程教学方案,对学生适时进行立德树人的教育,总结教学成果,反思教学不足。从教学目标的制定、教学过程的设计、教学细节的关注、教学评价的尝试等方面,落实"立德树人"根本任务,提升职业素养,提高职业教育质量,增强职业教育的适应性。

第二篇

践与行

基于"三服务"的焊接专业动态化人才培养研究

一、高职焊接专业人才培养现状

高职高专院校焊接专业的人才培养目标是高素质、高技能人才,培养适用于现代制造业及工程建设所需求的、能够基本独立解决焊接操作问题、具有可持续发展的人才。但从目前的人才培养情况来看,焊接专业人才培养仍然存在较多的问题。

(一) 人才培养与企业需求对接不佳

高职高专院校焊接专业的学生培养模式基本上是校园组织开展教育教学,学校的课程及学生的实际操作技能培养不是因企业、行业的不同采用针对性、个性化制定,而是采用统一的模式进行。培养模式多年不变,造成服务目标不明确,专业的发展滞后于经济发展,学生技能与企业无法实现零对接,学生无法施展自己的才华,浪费了大量的人力资源,影响了区域经济发展。

(二) 焊接实训教学经费不足

高职焊接专业对学生的培养重在技能,而焊接技能属于默会知识,焊工的技能培养具有层次性、不可言传性、非逻辑性等特点,其技能训练过程往往艰苦而乏味。因此,学习者不仅应该具备较多的知识积累、较强的感悟感知能力和较高的学习兴趣等,还要通过实际操作过程中的反复模仿、不断体验练习,才能准确掌握和有效运用所学知识。理论学习时增加适当实践是保证焊接专业学生掌握应有技能的有效途径,大量的焊接实践提升了学生的技能。大量焊接实践需要更多的经费和课时支撑,但是现有的培养模式真正用于实训教学的经费有限,学生的技能很难达到企业的要求。

(三) 焊接机器人课程有待加强

随着智能制造的大力推进,机器人及其智能设备的制造获得飞速发展,其在焊接自动化生产领域应用广泛,焊接智能化技术水平也越来越高。实现焊接产品制造的自动化、柔性化与智能化已经成为必然趋势,特别是在汽车、航空等行业。我国焊接机器人的应用处于起步阶段,许多企业成立了焊接机器人车间,购置了大量焊接机器人,但对焊接机器人的应用还处于探索阶段。当前,在校园式教学模式中,由于资金、师资等原因,焊接技能的培养大多还是注重传统手工操作,而不是根据企业的实际生产需要安排,造成焊接机器人课程的开设比较单一,学生毕业后无法满足企业对人才的需求,无法满足社会发展的需要。

(四) 焊接人才紧缺

随着《中国制造 2025》的实施,制造业加快了转型升级,焊接技术向数字化、信息化、智能化方向发展,拥有大量高素质且具有创新能力、工程能力、实践能力的焊接人才,是焊接行业实现技术转型升级的必要条件。根据我国 2020 年国民经济发展的总体目标要求以及我国焊接行业的发展趋势预测,在今后 5~10 年内,焊接结构用钢比例将达到 65%,焊接自动化率达到 70%。国家技术发展委员会调查发现,目前我国焊接市场人才缺失高达 60 万人左右。全国开设焊接专业的学校并不多,又由于焊接具有一定的危险性,许多人不愿意学习这项技能,造成学校焊接专业招生困难,这将严重影响国家制造业的发展。

二、国内外人才培养研究的现状

(一) 国外研究现状

近些年,欧美国家从工业化社会向服务型社会转变的过程中,逐步形成了理论化、系统化、标准化的职业教育特色和模式,包括德国"双元制"模式、英国"三明治"模式、澳大利亚"新学徒制"模式、瑞士"三元制"模式和美国"合作教育"模式等。这些人才培养模式中的德国"双元制"模式,被誉为当今世界学徒制的典范。

(二) 国内研究现状

经过多年的发展,我国以产教融合、校企合作、工学结合、知行合一为主要理念的中国特色职业教育模式已经形成。姜大源主编的《职业学校专业设置的理论、策略与方法》,以课题研究总报告的形式对新世纪职教专业设置如何适应区域经济发展、满足行业人才需求进行了有益的探索。李艳的《高等职业教育专业设置的研究综述》指出,高等职业教育培养的是复合型高级技术应用人才,高等职业教育应准确把握地方经济发展态势和社会发展方向,开展专业设置。广州铁路职业技术学院刘丽华以广州铁路职业技术学院机电设备维修与管理专业为例,以轨道交通行业为基础,通过专业与行业的"四个对接",对专业与行业对接的高职人才培养模式作了研究与实践。

综上所述,以专业服务对象为核心的人才培养的研究比较丰富,已形成了一定的成果积累。但目前已有成果大多聚焦于人才的单一化模式培养,未能因企业、行业的不同而采用针对性、个性化培养。专门针对焊接专业动态化人才培养的研究极少。

三、基于"三服务"的焊接专业动态化人才培养的研究内容

(一)研究框架

本研究针对焊接专业的特色和人才培养存在的问题,充分借鉴国内外研究成果,提出基于"三服务"的焊接专业动态化人才培养研究模式,"三服务"指服务区域、服务行业、服务企业,具体研究内容包括班级组合模式动态化、"A+KB"课程模式动态化和"1+X"证书制度动态化三方面,如图1所示。

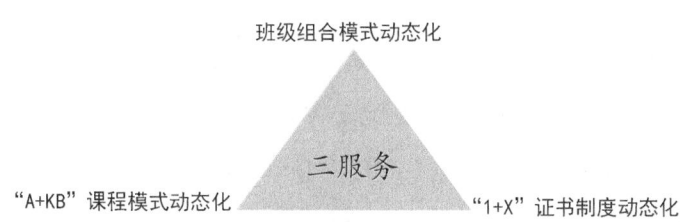

图1 "三服务"研究框架模型

(二)具体研究内容

借鉴国内外的研究成果,以现代学徒制为基础,推行"双主体、双导师"合作育人,将企业焊接项目植入学校课程,将部分学校实践课程以学徒实习的形式安排在企业,真正解决人才培养与企业需求对接不佳和焊接实训教学经费不足的问题。

1. 基于"三服务"的焊接专业班级组合模式动态化研究

焊接专业学生的就业特点是企业一次性接收学生数量不多。针对这一特

点,研究班级组合模式的动态化,即 $Y_1 + Y_2 + Y_3 + \cdots + Y_n = 1$ 的班级组合模式,其中 $Y_1, Y_2, Y_3, \cdots, Y_n$ 代表由企业需求动态组成的培养单元,1 代表一个大班级。根据企业需求的学生数量将学生分成若干培养单元,根据企业对技能要求的不同,对每个培养单元采用针对性的培养,该模式可实现同一班级学生培养满足多个服务对象需求的精准对接。

2. 基于"三服务"的焊接专业"A＋KB"课程模式动态化研究

"A＋KB"课程模式的动态化,即 $A + K_1B_1 + K_2B_2 + K_3B_3 + \cdots$ 模式,其中,A 代表基础公共课程,B 代表针对性专业课程,K 代表加权系数。针对企业、行业的岗位动态需求,结合课程在培养中的作用大小,对课程进行加权设置,即学生在完成了基础课程的学习之后,到了专业课及实际操作技能提高的关键时期,有较长时间与企业结合的训练,能够全面提高学生的实际操作技能。在实践中一边提高技能,一边学习理论知识,既能使学生有针对性地学习,提高学生学习的积极性,又能够加深学生对专业知识的理解,达到最佳的学习效果。

3. 基于"三服务"的焊接专业"1＋X"证书制度动态化研究

将证书培训内容有机融入专业人才培养方案之中,优化课程设置和教学内容,把 1 和 X 有机衔接起来,并随着区域经济发展、行业和企业需求,不断动态调整证书的种类和等级。

(三) 特色和创新

以问题为导向,研究班级组合模式动态化、"A＋KB"课程模式动态化和"1＋X"证书制度动态化三个方面,使人才培养具有一定的灵活性和创新性,形成全新的人才培养格局。

(任艳艳,张怡青,邓小君,原文载于《教育教学论坛》2020 年 5 月第 20 期)

编注:校园传统教育模式与体系注重"宽口径"教育,缺少"针对性"培养,已经不适应现代社会发展的要求,与社会需求有所脱节。河南职业技术学院从国内高等职业教育发展趋势入手,全方位、深层次地面对当前焊接专业人才培养存在的主要问题,以国内外相关人才培养模式调研现状为基础,探究基于"三服务"的焊接专业动态化人才培养研究模式。

智能制造背景下高职加工中心操作工人才培养策略研究

一、智能制造背景下企业对加工中心操作人员的需求

近年来,数控加工设备正在由功能单一的数控车铣设备与加工中心向五轴联动、六轴联动及车铣复合迅速转变。智能制造背景下,机械制造企业在转型升级和结构优化的过程中,越来越多地加入智能化元素。功能单一的机械加工工序已经逐步升级为智能制造加工单元或智能制造加工系统。制造类企业的转型升级不是简简单单的"少人化",而是劳动力的发展和升级。制造类企业智能化改造的顺利进行,必然要求操作人员在具有高水平数控加工技术的同时,还具有工业机器人的操作运行能力、PLC 设备及 MES 系统的基本操作能力。

二、当前高职教育加工中心操作人员培养现状

智能制造产业的发展离不开大量的高素质技术技能人才和劳动者,作为中国高等教育体系的"半壁江山"的高等职业教育,必须加快培养适应智能制造产业技术发展和生产工艺技术的人才。

但从目前高职院校加工中心操作人员的输出情况看,加工中心操作人员的素质水平参差不齐。由于职业院校设备水平的限制,有些实训教学以数控车削、数控铣削代替加工中心的方式开展独立的教学,学生无法真正掌握加工中心的操作技能。具有加工中心实训教学设备的院校,实训教学也很少涉及与智能化设备融合的环节,导致人才培养的基本要素不足,难以满足企业对高水平加工中心操作人员的需求。

三、基于智能制造的高职加工中心操作人员的培养策略

1. 紧跟行业标准,积极调整人才培养方向

目前即便是高质量的高职教育培养出来的加工中心操作人员通常只停留在懂工艺、精编程的阶段,往往只在常规机械制造企业中有较好的职业发展。随着智能化在机械加工行业中的推进,只懂加工的加工中心操作人员在与机器人的配合和生产过程管理等过程中,无法独立完成相应环节的工作。这是由于新技术、新工艺的相关教学内容要求没有及时出现在高职教育制造类专业教学大纲中,在培养方向上出现了滞后性,造成培养出的学生知识储备与行业新兴技术市场脱节,影响了整个行业的发展。因此,高职院校数控加工类专业在人才培养方向上要做出灵活调整,紧随行业变动,增设智能制造类相关课程。

2. 采用项目教学法进行教学改革

目前高职院校的课程内容与普通高等教育存在趋同现象,理论与实训教学的配合度低,致使理论课程内容空泛,实训课程严重不足。高职院校应积极推进教学改革,设计开发综合型的教学项目,让学生先在实训过程中明白"怎么做",然后回归理论课堂学习"为什么这么做",最后回归项目任务"更好地做",从而达到深化、固化技能的目的,突出职业教育特色。

3. 成立创新工作小组,备战各类技能大赛

"实战动手能力强,理论学习能力差"是职业院校学生的一大特点。在职业教育的过程中,以成立创新工作小组的形式布置涉及理论知识的实战任务,教学过程以示范引导为主,弱化理论知识的教学痕迹,教师帮助创新工作小组制订工作方案,在可行的范围内展开实践验证。实践过程提高学生的知识水平和分析、解决问题的能力。这样的教学过程,也是选拔技能竞赛选手的有效途径。

技能竞赛是提高职业院校学生学习积极性的重要手段,积极开展院校内部的技能大赛,带领学生备战行业、社会范围内的各类高水平技能大赛的过程,也是快速提高学生和教师技术水平的有效途径,同时也是了解行业发展动态,进行技术交流的良好契机。在校园内形成良好的持续性循环备赛氛围,能够带动学生快速进入学习状态,明确技能学习的目标和方向。

4. 推进现代学徒制建设,创新学生培养模式

高职院校应积极推进现代学徒制建设工作,结合区域经济发展及专业特点,

与当地企业深化合作,发挥好职业院校的参与作用。突破传统的教育模式,依照企业人才需求及行业评价标准制定课程标准及培训内容,做到"企中校,校中企"。

采用"线上线下"混合式教学的理论课堂教学模式,线上课程进行基本知识点的传授,线下见面辅助答疑及考核环节,既使学员的学习时间及地点更加灵活,又不放松学校对学徒制学生的教学管理。结合工厂中的实践案例,院校教师与企业师傅共同讨论确定职业院校的实训内容,用更加科学系统的教学方法和信息化教学手段,在实训室中将问题拆解展现,引导学生学会用理论的眼光分析和解决实践中的问题,加深学徒制学生对工厂实践和理论知识的理解与感悟。

(杨莉,原文载于《才智》2020年第24期)

编注:在智能制造的背景下,制造业的产业发展对加工中心操作人员的技能素养提出了新的要求,对高素质复合型技能人才的需求日益增长。本文就智能制造相关企业对加工中心操作人员的需求展开分析,探究了高职教育面临的现状,从人才培养方向调整、教学改革、校企合作、技能竞赛等方面提出发展建议,以期实现对加工中心操作人才的更好培养。

对河南省企业新型学徒制推进工作的实例分析

一、河南省企业新型学徒制的推进情况

(一) 推进过程及首批试点企业实施情况概述

河南省是人力资源大省,也是首批企业新型学徒制试点省份。河南省对此高度重视,2015年11月快速启动了企业新型学徒制试点工作。在充分调研和推荐的基础上,确定了郑州宇通客车股份有限公司等5家代表企业作为试点企业,共有8个专业498名学徒参加新型学徒制培训试点工作。2017年,试点工作按计划全面完成,参加试点的学徒员工技能素质得到显著提升,校企合作更加深入全面,初步实现政府、企业、职业院校和劳动者等多方共赢的局面。全面推行过程中,河南省结合当地实际和前期试点经验,根据《河南省职业培训条例》和相关规定和要求,于2019年3月8日在全国率先出台了《河南省全面推行企业新型学徒制实施办法(试行)》,仅2019年,河南省备案完成企业新型学徒制培训就达到2.63万人,总量居全国第一。首批试点企业实施情况见表1。

表1 新型学徒制首批试点企业实施情况

试点企业	合作院校	培养专业	培训学徒人数	实施情况	遇到问题
宇通客车股份有限公司	郑州商业技师学院	焊工、装备制造	105名	1. 形成了校企联合招生、招工机制; 2. 形成以企业需求为主导的人才培养模式; 3. 共同建设了学徒实操实训场地; 4. 共同开发了学徒配套教材	1. 企业的参与积极性有待提高; 2. 缺乏相对应的学徒制教材; 3. 培训学校对新型学徒制条件下的学生和教师管理、课程设置、考核评价等都缺乏经验和研究; 4. 学徒职业素养有待提高

(续表)

试点企业	合作院校	培养专业	培训学徒人数	实施情况	遇到问题
河南瑞创通用机械制造有限公司	开封技师学院	焊工、机械加工、装配钳工、涂装工	100名	1. 校企合作更加密切：由政府牵头协调，发挥学校和企业的培训主体作用； 2. 充分利用"互联网＋"理念； 3. 成效显著：新型学徒制学员所在的班组工作效率较普通班组提升5.6%，安全质量责任事件下降11.2%，员工流失率较前一年下降7%，大赛技能竞赛中获奖率直线上升，十余名学员成为各班组的带头人或充实到管理岗位。学院教师不断深入企业调研，教学能力和专业素养都得到了大幅提高，有多位教师参与了机床切削加工专业（车工方向、铣工方向）国家技能人才培养标准的制定，极大地提高了学校声誉	1. 存在工学矛盾，时常因企业生产任务较重、生产时间不固定等因素导致培训时间不确定，学员难以参加集中学习，授课内容和教学方案无法按计划进行，线上授课平台不够成熟，存在后台监控缺陷； 2. 企业主体责任和学员自律意识需增强
河南天海电器有限公司	鹤壁市机电信息工程学校	机电技术、数控加工、机械加工	103名	1. 成立新型学徒制试点工作项目领导小组，并明确各成员职责； 2. 明确方向，履行签约，建立新型学徒制试点有关制度； 3. 通过研讨、论证，制订教学计划，并融入天海文化	1. 工学矛盾：企业生产任务较重、生产时间不固定等因素导致培训时间不确定，生产任务与培训时间发生冲突，学员难以参加集中学习，授课内容和教学方案无法按计划进行； 2. 学徒流失，学徒出师后离职率较高
豫北转向系统股份有限公司	新乡技师学院	电气自动化	50名	1. 领导高度重视：学院和公司成立了由院长和党委书记牵头的专项工作领导小组，负责新型学徒制试点工作的开展； 2. 严格选拔学员：对134名企业一线员工进行统一考试选拔，确定50名优秀技能员工作为新型学徒制班学员； 3. 严格考勤管理：班级日常执行"水果金制度"，从制度上保证学员的出勤率； 4. 建立激励机制：企业确定"学员课程修满考试合格，并通过公司的课题攻关验收，给予提高年工资基数100元的奖励，可优先参加公司后备线长、检验、机修等岗位考核选拔； 5. 加大资金投入：公司为新型学徒制班配备了学习室，并配备了电脑、投影仪等教学设备，满足员工实时培训所需	1. 企业新型学徒制职业培训补贴实行先支后补，对企业来说支多补少，影响后期工作开展； 2. 学员培训后流失； 3. 企业不太重视长远发展，积极性不高

（续表）

试点企业	合作院校	培养专业	培训学徒人数	实施情况	遇到问题
卫华集团有限公司	新乡职业技术学院	焊接技术、数控加工	140名	1. 成立高水平企业导师团队和专职教师教研组，形成优势互补； 2. 学徒培训期满，经鉴定考核合格，可按规定取得相应职业资格证书或培训合格证书，调动了学员学习的积极性与主动性	1. 教材选择困难； 2. 校企距离成为实操培训限制，企业自建实操基地资金短缺

（二）河南省新型学徒制推进工作中的亮点分析

1. 政府高度重视，推进措施得力

为确保试点工作和全面推行有序进行，河南省专门举行企业新型学徒制试点签约仪式并召开全面推行电视电话会议，对企业新型学徒制工作进行安排部署：制订完善工作方案，明确工作重点和推进计划；动员企校双方签署合作协议，强化职责分工，明确工作步骤和有关制度建设；组织召开工作座谈会，交流经验，分析问题，研究推进措施。各地市人社部门组织学校和企业，制定工作具体实施细则，为有序开展试点和全面推行企业新型学徒制工作打下良好基础。

2. 深化校企合作，培养模式创新

为更好解决工学矛盾问题，校企双方积极探索校企合作培养新模式。例如，宇通客车股份公司以弹性学制、灵活半脱产为基准，结合企业生产计划，采取"阶段集中半脱产"和"阶段分散抓周末"相结合的授课形式；开封技师学院充分利用互联网技术，开发手机学习 App 进行线上教学，运用企业公共学习平台设立"新型学徒制专班"并定时定量推送课程，学员有效利用业余时间学习专业知识，同时建立"新型学徒制专班微信群"，聘请专家在微信群为新型学徒制学员上微课；鹤壁市和新乡市校企联合组建讲师团，成立教研组，随时研究和解决理论教学和实际操作中遇到的问题。

3. 资金保障到位，投入力度加大

河南省在经费紧张的情况下，大幅提升补贴标准，最高可达 6 000 元，高于国家标准（不低于 4 000 元）2 000 元。校企双方在试点和推行过程中也通过多种方式不断加大投入：河南瑞创通用机械制造有限公司先后投入 120 余万元自主建设技能培训中心与多媒体教室，为教学工作提供强有力的硬件设施保障；河

南天海电器有限公司与鹤壁市机电信息工程学校联合组建8个理论培训室、2个实训室、3个教学岛,共计占地3 000平方米,并启用拥有仪器设备价值300万元、教学实训设备价值420万元的国家级实验室开展学徒实操技能培训;卫华集团有限公司专门建立了职业教育培训基地,累计资金投入180余万元。这些做法很好地保障了企业新型学徒制的顺利开展。

4. 建立激励机制,调动师徒积极性

企业建立了基于师带徒效果评价的多种激励机制。比如学徒顺利毕业,企业给予其提高年工资基数、重点关键岗位使用等奖励,同时对带徒师傅也给予物质和精神奖励。河南瑞创通用机械制造有限公司为充分调动学员积极性,发挥企业培训主体作用,每年拿出50万元作为专项补助资金,每人每月补助300~500元;豫北转向系统股份有限公司制定了"学员课程修满考试合格,给予提高年工资基数100元的激励,并可优先参加公司后备线长、检验、机修等岗位考核选拔"的激励制度,极大调动了企业导师和学徒的参与积极性。

5. 完善共建制度,产教融合一体

校企双方均将新型学徒制列入重点工作,建立定期沟通和协调机制,助推新型学徒制培训有序实施。具体做法:企业新型学徒在校学习期间,由学校负责学徒的学习及管理,采用弹性学制,实行学分制管理,结合企业生产安排,分阶段完成教学任务;在岗工作期间,由企业负责学徒的学习和管理,由企业配备的师傅负责传、帮、带,分工合作,提升效率。如郑州商业技师学院与宇通客车股份有限公司共同加强校企双师建设,学校择优选拔教师担任学徒培训教师,定期到宇通生产服务一线进行考察、调研,不断提升教育教学和管理能力;宇通客车股份有限公司选拔优秀员工担任企业导师,实行一对一辅导;同时,校企共同制定学徒培养、考核、管理等制度,确保顺利完成培养培训任务。

6. 出台职业条例,培训有法可依

2017年12月出台的《河南省职业培训条例》是目前我国在省级层面制定的第一部有关职业培训的地方性法规。它明确规定了政府及其相关部门在职业培训中应承担的职责,为职业培训事业的发展提供了法治保障。

二、河南省推行企业新型学徒制面临的问题

(一) 如何切实提高培训三方的积极性

企业新型学徒制的特征是以企业为主体,而企业培训的积极性在于是否产生效益,能培养高质量的技能人才为企业所用,辅助企业的转型升级,提升企业核心竞争力,同时企业还需有足够的效益支撑相关培训。比如,河南新乡市天光科技有限公司最初被河南省确定为开展新型学徒制试点工作的企业,该公司也按照要求与新乡职业技术学院签订了新型学徒制试点工作合作协议。但是,由于该公司在经营管理方面出现了较大问题,企业大半年生产处于停产状态,职工长期放假,经新乡市人社局多次沟通协调,始终未能实质开展,不得不取消试点资质。职业培训机构和职业院校能否站在国家发展、学校发展、专业发展的立场上与企业进行深度合作,共同培养国家和企业所需技能人才,打破企校合作壁垒;培训学徒参与培训,可否保障其利益不受损失,更好助力其未来发展;政府和企业的激励机制是否真正执行。上述问题值得深入思考,从河南省统计情况看,目前开展新型学徒制培训的企业只占全省规模工业企业的30%,提高培训率成为企业新型学徒制推行的当务之急。

(二) 企业新型学徒的培养质量如何保障

首先是工学矛盾如何破解。比如生产任务与培训任务发生冲突,企业生产任务繁重时,就无法保证学徒的培训时间,不能按时完成培训机构和培训学校的教学计划及教学任务。如开封技师学院由于线上授课平台不够成熟,存在后台监控缺陷,学员学习质量受到影响。其次是培训工种与培训人数不匹配的矛盾。比如企业需要培训的工种较多,每个工种培训人数相对较少,培训机构组织教学难度较大,易造成培训资源浪费;培训存在新老员工"一锅端"问题,参训学徒的技能和理论水平参差不齐,岗位技能需求各有不同,培训的针对性和实效性不高,影响了培训质量。

(三) 校企合作共育机制还不够完备

企业新型学徒制采取"校企双制、工学一体"的培养模式,深度的校企合作、产教融合是保障。调研发现,企业需求与学校专业设置之间还存在差距,学校培训教师与企业导师之间还没有实现无缝对接,仍存在短期"撮合"现象;企业招工

与学校招生还没实现互通,上课即上岗还没完全达到,校企共育及双导师培养学徒机制尚未有效建立;教学软硬件建设、课程资源开发等还在进行中。

三、河南省推进企业新型学徒制工作的对策建议

针对在企业新型学徒制推行过程中出现的有关问题,结合政策措施,建议着力抓好以下三个方面工作。

(一)政府加强统筹指导,强化机制保障

首先,技能培训服务具有准公共服务的性质,不能完全靠市场来推动调节。政府应发挥先导作用,积极推动协调,从培训规划设计、资源配置、经费保障、督导评估等方面,加强体制机制建设;大中型企业可与培训机构合作独立举办培训班,小微企业如果信用状况良好且有招工需求,地方人社部门可牵头组织多家企业联合办班,解决小微企业招工难的问题。其次,完善财政支持政策,扩大专项资金投入。制定适用的培训补贴项目,逐步提高企业职工培训补助标准并建立相应联动机制,扩大培训补助范围,加快补贴资金审批进度,简化补贴手续,优化拨付流程,切实减轻企业负担。再次,提升技能人才待遇,完善技能人才评价与激励机制。学徒培训期间,保障学徒基本工资待遇,使其看到学徒培训有利于自身长远发展。落实保障企业导师的津贴和奖励,关注学校培训教师的专业成长。最后,加强宣传动员和典型示范带动。加强对政策文件的宣传、解读和领会,广泛动员企业、培训机构和劳动者参与学徒培训,扩大新型学徒制影响力和覆盖面。强化典型示范带动作用,大力宣传推行企业新型学徒制的典型经验和良好成效。创新宣传方式,努力营造全社会尊重技能人才、重视支持职业技能培训工作的良好社会氛围。

(二)创新培养和管理方式,提升培训质量

为更好解决工学矛盾,承担学徒培训任务的培训机构,要结合企业生产和学徒工作生活实际,采取弹性学制,实行学分制管理。建立和完善适合弹性学制和学分制的教学质量评价体系和考核制度。例如,培训学校可按月向企业反馈学徒参训情况和课后作业完成情况,企业将完成情况与月度绩效考核挂钩,构建校企多元评价体系。同时,实施学徒培训实名制信息管理,对培训机构和培训过程、培训结果加强监管,确保培训按计划高效实施。同时,培训学校要加强数字

化课程资源建设、网络学习平台建设，企业和学校合作或单独建设实训场地，确保企业新型学徒制培训顺利进行。

（三）深化校企合作，共建高效育人机制

校企双方要加强战略合作和长远规划，实现学校专业与企业发展、学校课程与企业岗位、学校教师与企业师傅的高效对接。系统设计招生、教学组织实施、学分管理等各方面，校企联合制定人才培养方案和课程标准，共同开发新型学徒制课程资源库和工学结合教材，在专业设置、课程开发、学生实习、就业推荐、师资交流、生产实践和职工技能提升培训等方面全方位开展合作。

（杨丽，原文载于《职业技术教育》2021年第17期）

编注：企业新型学徒制的探索和建立，是在国家层面上为提高企业职工队伍整体素质、助推产业转型升级作出的重要战略决策。河南省在企业新型学徒制前期试点推进过程中，政府高度重视，加大投入力度，校企合作深化，通过建立激励机制、完善共建制度、出台职业培训条例等措施，促进企业新型学徒制取得良好成效，但同时也面临着如何切实提高培训三方的积极性、培养质量如何保障、校企合作与共育机制还不够完备三大问题。上述问题需要政府加强统筹指导，强化机制保障。河南职业技术学院在三级育训平台上承接培训、创新培养和管理方式方面做了大量探索，培训质量不断提升；校企双方进一步推行和深化合作，共建了高效育人机制。

校企合作下高职制造类专业项目化教学研究与探索

一、项目背景及意义

麻省理工学院和瑞典皇家工学院等四所大学组成的研究团队于 2000 年得到了克纳特及爱丽丝·瓦伦丝基金会（Knut and Alice Wallenberg Foundation）的资助,经过四年的探索研究后创立了 CDIO 工程教育理念,并于 2004 年成立了 CDIO 国际合作组织。CDIO 代表构思（Conceive）、设计（Design）、实现（Implement）和运作（Operate）。它是现代工业产品从构思研发到运行乃至终结废弃的全生命过程。CDIO 工程教育理念就是要以此全过程为载体培养学生的工程能力,包括个人的工程科学和技术知识,学生的终身学习能力、团队交流能力和大系统调控等方面的能力。

河南职业技术学院以高端技能型专门人才为培养目标,课题组积极借鉴先进职教理念,进行创新实践,努力探索学院新一轮的人才培养模式,努力实践"产学合作"、"做中学"与"国际化"三大战略。目前,先进的职业教育模式都源于国外,如德国的"双元制",为了同国际接轨,课题组积极探索适合我院发展的职业教育模式,进行 CDIO 工程教育模式的探索,实施项目化教学改革,使学生的综合运用能力与可持续发展能力明显提高。

为了深化改革学院人才培养模式,探讨 CDIO 工程教育在学院的实施方式,河南职业技术学院开展了 CDIO 工程教育模式的大讨论,弄清了其对学生可持续发展能力培养的重要作用,加深了学院对项目化教学的理解。作为为区域经济培养高端技能型专门人才的高等职业教育,应该适应社会经济发展需求,实施项目化教学改革,以项目为载体,让学生经历产品生产的完整生命周期,培养构思、设计、实现、运行的综合能力;以项目为动力,真正实现"做中学"的教学方法;

以项目为中心,整合课程之间的关联,培养学生的综合运用知识的能力;以项目为目标,促进学生自主学习新知识,提高可持续发展能力。因此,学院认为,在高职院校实施项目教学,就是要通过项目过程进行能力训练,并将着重点放在设计(D)与实现(I)两个阶段。

二、项目内容——"141"能力训练体系

(一) 1 套案例

一套案例(one series of CASE)。案例是单门课程的教学载体,是工程中已有典型成果工作过程的完整叙述,其承载知识、技能与素养的学习,是实施项目教学的前提,是培养高技能人才的重要基础。

(二) 4 个学期项目

四个学期项目(four terms PROJECTS)。学期项目是针对职业岗位中某一发展阶段的能力要求设计的综合实践课程,是课程模块的运用载体,是工程中未有的成果,是学生创新思维、主动学习以及工程实施能力的载体,是培养高端技能型人才的重要途径。四个学期项目分别在前四个学期实施,注重构思与设计两个环节,综合运用课程模块知识,发挥学生的主动性创新思维。

(三) 1 个毕业项目

一个毕业项目(one graduate PROJECT)。毕业项目是顶岗实习阶段的学习载体,由于学生到岗的时间有差异,毕业项目可以在岗前,也可以在岗中或岗后进行,是涵盖本专业群的真实工业项目,承载着工程技术人员的全方位训练。毕业项目在三年级实施,要求学生至少完成一个完整的 CDIO 项目,原则上鼓励学生通过团队合作完成,教师在指导毕业设计时起到与学院沟通协调的作用。

通过"141"能力训练体系的实施,学院创新了 CDIO 工程教育模式在职业教育中的运行方式。

三、项目作用

实施"141"(即 one series of CASE, four terms PROJECTS, one graduate PROJECT)能力训练体系,使项目化教学改革得以实现。

（一）实施案例教学，提高学生职业素养

在课程设计上，以来自企业的一组工程案例为载体，并根据由简单到复杂、由单一到综合的要求进行排序，以满足学生职业能力成长的要求，并以教学工厂型实训基地为平台，使理论知识、实践技能、职业素养与实际应用环境结合在一起，从而实现工作过程与教学过程融合。在案例教学中，采用"做中学，做中教"的教学方法，按照案例的工作过程进行学习与训练，通过每个案例的"整体、连续"行动过程，使学生的专业能力、方法能力、社会能力得到逐步提高。通过三年努力，专业课程平均每门搜集 10~20 个工程案例。

（二）实施学期项目，提高学生自主学习能力

1. 规划过程，明确任务

根据学期项目的要求，采用分段式教学组织形式，一个学期设置两个阶段。第一阶段重在构思与设计，通过产业调查、头脑风暴，先提出项目的构想，然后查找案例、搜集工程文献资料，进行方案设计；第二阶段进行项目制作、调试与完善。通过学期项目的实施，使原来分散的课程围绕项目设计与制作而聚合，课程教学从一个教师线形推进到几个教师平行指导，教学场所从教室、实训室扩展到应用中心和企业；学生学习态度也从被动接受变为主动学习。

2. 加强指导，提高质量

学期项目按课程建设要求制定课程标准，明确方向和要求，明确指导方式。在选题上，以综合运用与创新为基本原则，采取自选与教师给定相结合。通过自选，让学生主动解决生活中的问题，对于自选能力不足或不合乎要求的项目则由教师指定，也可以是教师横向项目的子项目。另外，学院还将各部门在工作中遇到的问题作为学生项目的重要来源。在项目指导上，每个教师每周必须与学生进行交流和指导，并了解其工作进度，加强进度管理。对于不能按期实施或不能进行团队合作的学生，则要通过谈话进行教育。在质量控制上，学院开发了学期项目管理系统，对教师指导进度与学生项目进度进行实时监控，同时，通过期中检查，学院对学期项目运行中的问题进行总结与反馈，从而规范学期项目的运行。

3. 促进交流，示范引领

为了探讨学期项目运行的思路和方法，交流优秀学期项目方案，于期中开展

一次学期项目方案交流活动,于期末开展一次全院优秀学期项目评比活动,学院将对评审出的优秀学期项目给予经费支持,以促进学期项目的实施与运行,发挥优秀学期项目的示范作用,促进全院学期项目的良性发展。除此,学院还要求所有优秀学期项目上传网络教学资源,通过成果展示进行经验分享,使学生之间、师生之间通过讨论区加强交流与指导。

4. 项目汇报,综合评价

CDIO 工程教育模式以工程项目为中心,注重学生的学习能力与实践能力培养,必须改革过去的学习评价模式。为此,学院实施以过程考核与学习汇报为主的多种评价方式。

(三)实施毕业项目,提高学生的综合素质与可持续发展能力

在选题上,由学生在企业中寻找真实项目;在指导上,实行双导师制,由企业指导教师与学校指导教师共同指导;在安排上,根据生产需要灵活调整,可以在岗前或岗后集中实施,也可以分布于顶岗实习的各个时期;在阶段检查上,由校企共同制定阶段检查任务,由学院督导组实施中期检查;在项目考核上,由校企共同组织,注重成果的应用价值,注重学生能力的考核。

四、项目完成情况

按照实施方案和实施计划,本项目完成了具体改革内容,实现了总体改革目标。

完成了"141"能力训练体系的构建。1 是指一套案例;4 是指四个学期项目;1 是指一个毕业项目。通过"141"能力训练体系的实施,创新了 CDIO 工程教育模式在职业教育中的运行方式。

实现了总体目标。教学改革加强了对学生关键能力,即学生的专业能力、社会能力、方法能力以及可持续发展能力的培养。通过解构和重构,变课程结构系统化为工作过程系统化;通过校企合作,与企业共同制定适合培养学生关键能力的教学内容;通过不断学习、培训,建立一支优秀的双师素质教学团队;教学方法上将以教师教为主变为以学生自主学习为主;借鉴时下最流行的 CDIO 教育教学方法,通过改进现有教学方式,努力推广具有中国高职教育特色的 CDIO 教学模式。

解决了以下问题:(1)学习领域的描述,学习情境的规划;(2)工作任务的规划、实施;(3)以行动为导向的教学方法的设计;(4)以行动为导向的教学方法的实施;(5)校企的深度融合,工学结合;(6)教育教学观念的转变。

五、主要改革成果和实践效果

(一)工程案例的构建

团队根据 CDIO 模式,完成了汽车检测与维修技术专业"汽车维护与保养"等课程的案例构建。

(二)学期项目的设计

团队根据数控设备应用与维护专业各个学期的内容,为四个学期的教学内容设计了相应的学期项目。

(三)毕业项目的实施

数控设备应用与维护专业与郑州信控科技有限公司合作,让专业学生充分参与,共同设计、制作完成了 FANUC 数控系统应用中心。

(四)科研、竞赛成绩显著

编写国家"十二五"规划教材 1 本,河南省"十二五"规划教材 2 本,专著 1 本,教材 2 本;建设网络资源课程 1 门;《基于 CDIO 的"1+4+1"实践教学模式改革》获河南省实践教学案例一等奖;发表教学改革论文 3 篇;省级获奖项目 1 项;院级教改项目 1 项;教学课件获奖 5 项;教学设计获奖 1 项;优秀指导教师 2 人。近三年,数控设备应用与维护专业获教育部竞赛省级比赛 3 次一等奖,国家级比赛 1 次一等奖、2 次二等奖。汽车检测与维修技术专业近五年培养出来的学生累计获得全国高职技能大赛汽车检测项目一等奖 3 次,二等奖 18 次,三等奖 9 次。

六、成果水平和实际推广应用价值

本项目的研究适用于高职院校人才培养模式的改革,培养出来的学生具有可持续发展的能力,能够实现学校对学生技能培养和企业对学生技能需求的无缝对接,实现从学生到企业员工的自然过渡,教师教学资源的进一步优化。本项目以数控设备应用与维护专业、汽车检测与维修专业作为试点,以点带面,逐步开展改革,全院推行,受益学生每届800余人,同时惠及相关职业院校,在新乡职业技术学院、郑州电子信息职业技术学院、河南机电职业学院等高职院校相关专业予以采用,效果良好。

七、成果特色

(一) 基于CDIO模式开发了校企深度融合的课程案例

校企深度融合,工学结合,共同开发以案例为基础的课程标准,以案例为导向开发课程,采用CDIO模式案例教学法,有利于学生创造能力、独立工作能力、协调能力及应变能力的形成。

(二) 构建了能力递进的"141"能力训练体系

本训练体系中,每门课程设计一套案例,体现知识与能力的递进关系,充分体现内在联系;四个学期项目,充分融合学期内相关专业课程,体现关联性;一个毕业项目,在四个学期项目的基础上实现毕业项目。这个过程使学生的能力由弱变强。

(三) CDIO教育模式在河南省高职教育制造类专业中的应用

项目首次提出的CDIO教育模式在河南省高职教育制造类专业中进行应用,通过设计针对岗位、针对学生综合能力、项目化的教学模式,对数控设备应用与维护及汽车检测与维修技术专业的实践教学设计和教学方法进行了改革。

注:本文为2014年河南省高等教育教学改革研究与实践项目研究成果,主持人肖珑,该成果获2016年河南省高等教育教学成果奖二等奖。

高职机电类专业创新人才培养模式研究与实践

一、项目背景和意义

2013年4月德国政府推出"工业4.0"战略,它立足德国实际,在保持世界制造业"领头羊"地位的基础上,重点推进制造业向"智能化"制造转型,包括构建"智能工厂"与组织"智能生产",以使德国继续在第四次工业革命中处于优势地位,从而进一步提升德国的国际竞争力。2014年10月,李克强总理与德国总理默克尔共同发表《中德合作行动纲要:共塑创新》,"工业4.0"也因此成为中德合作的重要内容。《中国制造2025》是我国实施制造强国战略第一个十年的行动纲领,主题中心是创新发展,提质增效;主线是新一代信息技术与制造业融合;主攻方向是智能制造。

《中国制造2025》在面向未来、直面"工业4.0"趋势的基础上,根据我国目前制造业的发展水平与发达国家存在较大差距的现状,率先推动我国制造业在新一代信息技术、高档数控机床和机器人等十大领域进行突破式发展,最终实现以点带面、全盘推进、整体发展。《中国制造2025》时代,工业生产将呈现前所未有的特征,真正实现工业生产的灵活性,极大提高生产效率和资源利用率,重新定义技术、生产与人的关系,制造流程不再是一家企业的单独行为,而是将实现纵向集成,生产的上中下游之间的界限将更加模糊,生产过程将充分利用端到端的工程数字化集成,人将不仅是技术与产品之间的中介,而更多地成为价值网络的节点,将重新成为生产过程的中心。因此,它对人才提出了全新的要求。首先,智能生产系统将完成大部分的简单劳动,将人从生产线上解放出来,不再需要生产线上的"螺丝钉"。智能工厂里的员工不再是简单的操作工,而主要是产品的设计者和智能生产系统的管理者,需要极高的分析问题、解决问题的能力。其次,由于生产流程的动态性,小批量、个性化生产将成为主流,产品的最终形态将与生产者密切相关,而不是像传统工业生产中那样只与设计者有关。"工业4.0"模糊了设计者与制造者之间的界限,跨学科能力成为"工业4.0"时代的人才特征。每个生产者都将成为产品形态的设计者、创造者,所以即使是一线的生产者也需要掌握丰富的产品全知识。再次,《中国制造2025》明确提出十大重点领域,每个领域都需要大量的高端技能型人才,与传统的高端技能型人才不同的是,他们不仅要有精湛的操作技能,也应具备对智能网络高度的理解与运用能力。

《中国制造2025》时代下如何培养具备智能制造能力的高技能人才,企业最有话语权。高职教育的成功案例表明,凡是重点专业、骨干专业中特色鲜明、亮点突出的专业,无一不是校企深度融合。俗语讲,高职办学"没有生源,我们就死了;没有校企合作,我们就半死不活"。因此,在智能制造时代,结合中原地区经济发展情况,研究并实践高职机电类专业如何主动促进校企深度融合,如何培养优秀的创新人才,提炼合适的人才培养模式,具有非常重要的意义。

二、主要研究内容

本研究内容为校企创新渐进融合"4111"人才培养模式。学院同宇通客车股份有限公司、海马汽车有限公司、富士康科技集团(郑州科技园)、郑州煤矿机械集团股份有限公司、郑州日新精密机械有限公司等企业深度合作,引入企业真实产品或案例作为教学载体,针对企业需求开展个性化精准培养。与企业共同创新渐进融合"4111"人才培养模式,即4个校内实训教学载体,1个综合实训项目,1个毕业项目,1个毕业生互动交流信息平台。专业群人才培养模式,如图1所示。

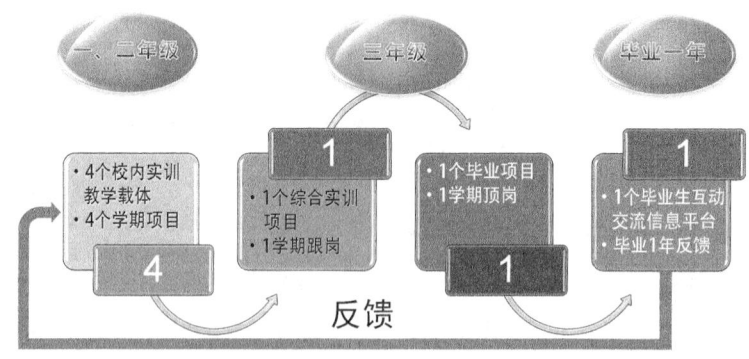

图1 专业群人才培养模式

4个校内实训教学载体是从合作企业真实产品或案例中优选出来的项目,由易到难呈递进关系,分别对应职业岗位中不同发展阶段的能力要求。教学载体依次在前4个学期完成,并注重各学期项目的构思与设计,侧重培养学生的主动性、创新思维和综合运用课程模块知识的能力。1个综合实训项目,是跟岗实习阶段的学习载体,提升实习岗位运用的专业知识与技能。1个毕业项目,是顶岗实习阶段的学习载体,是涵盖专业知识点和技能点的真实企业项目,可以提升学生完成项目的知识和技能。1个毕业生互动交流信息平台,建立反馈机制,对毕业1年的学生进行跟踪调查,以座谈交流等形式,为学生在企业遇到的技术难题进行答疑解惑,同时优化人才培养方案,提高人才培养质量。通过渐进融合"4111"人才培养模式的实施,创新专业群职业教育人才培养模式改革。

学院机电类专业人才培养存在的问题。

第一,专业界限过于明显,不利于复合型人才的培养。高职教育的专业和专业方向过多,且多以传统的专业发展思路培养人才。这一基于传统工业生产的专业分工与岗位分工,很难适应《中国制造2025》提出的新要求。

第二,重显性技能、轻隐性技能,难以适应生产方式的变革。目前高等职业教育更重视可量化、可目测的操作技能,而轻视解决问题能力、自主学习能力等隐性的、难以测量的技能,客观上造成高职院校毕业生能力结构单一、发展潜力和后劲不足,无法满足智能制造的时代要求。

第三,专业特色不够鲜明,不利于迅速应对智能制造时代下的课程改革。创新创业教育相对薄弱,不利于创新人才培养。

第四,校企合作不够深入,不利于实现企业人才需求变化的无缝对接。学校在企业建立实习基地,合作设立"订单班",建立专业建设指导委员会,聘请行业企业的技术专家、能工巧匠等为指导委员会成员,与企业签订专业实习协议,师生为企业加工试制新产品,为企业进行技术培训,初步形成产学合作体,但缺乏产品研发方面的技术合作,并且合作项目很有限。

三、解决教学问题的方法

(一) 组建智能制造专业群

项目以智能制造产业链为依托,围绕全生命周期智能制造生产流程面向的职业岗位群,构建了以数控技术专业、机电一体化技术专业为核心,涵盖机械制造与自动化、机械设计与制造、模具设计与制造和数控设备应用与维护等专业的智能制造专业群,结构如图 2 所示。

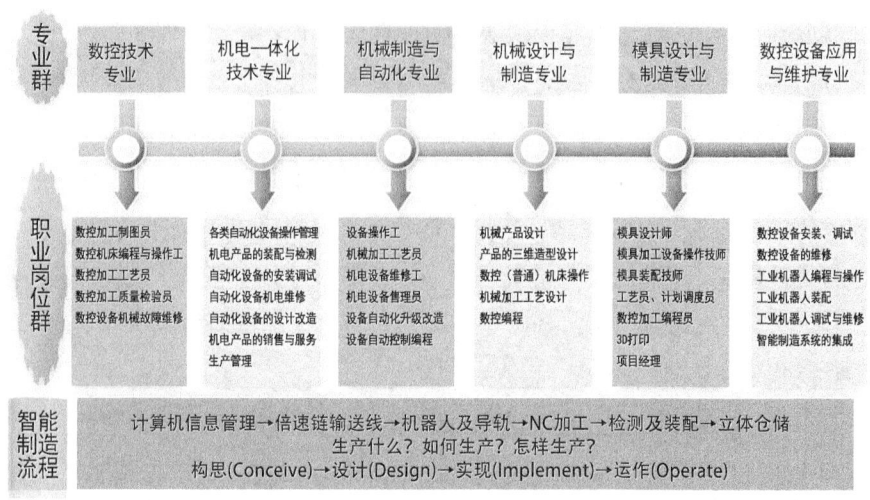

图 2　智能制造专业群结构图

(二) 构建专业群课程体系

根据岗位群能力要求,以核心职业能力培养为主线,优化构建完备先进的"基础共用、模块共享、拓展互选"专业群课程体系。"思政课程 + 公共基础课 + 专业基础课"基础共用,培养学生人文素质和制造基础能力;"通识课程 + 部分专业共享课"模块共享,培养职业素养和岗位能力;"专业核心课 + 拓展课"拓展互选,培养岗位核心能力,满足制造核心岗位需求(图 3)。

(三) 组成"双元结构"教师指导小组

课程课题分析:"数控加工综合实训"是一门综合性实训课程,课程目标是培养学生的综合加工能力。小组成员对课程标准进行了多次的讨论和分析,认为这门课程的内容必须体现综合性和实战性,认为本课程的课题要集合数控车削加工技能、数控铣削加工技能、机械装配、机械设计、机械分析等才能达到课程标准的要求。因此,选定图 4 所示偏心减速机作为实训课题,课题的任务是分组实现加工和装配。

教案设计:实训课题确定后,小组成员讨论教案的设计。先将任务进行分工:李太祥老师负责总体方案设计,高登伟老师负责技术和操作规范问题,楚雪

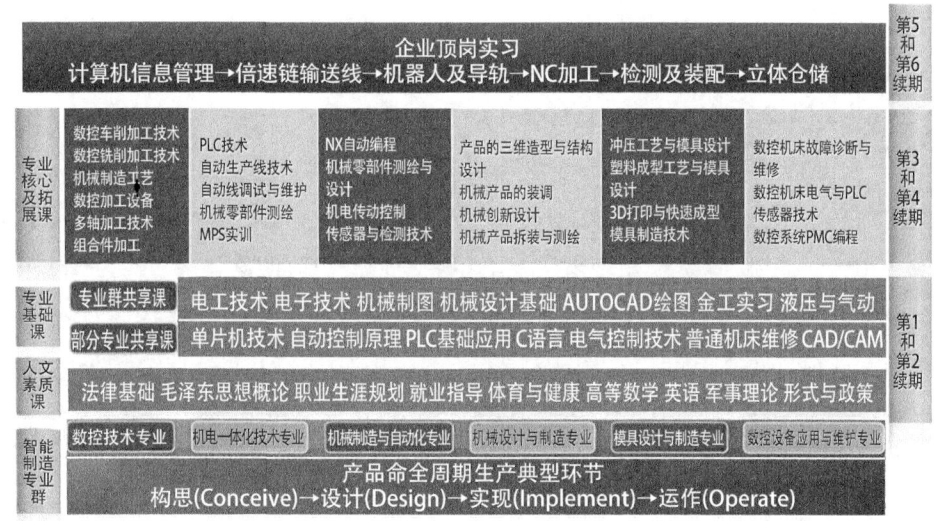

图3　智能制造专业群课程体系

平老师负责教案的文字整理和审核。教案基于工作过程进行设计,分为项目指导、机构分析、图纸作业、工艺文件制作、程序编写、装配调试与修补、机构完善及修改建议、参考资料、后记——专业技能指导与检查九大模块。教案设计完成后,成员到车间,在设备前进行多次演练,将教案设计到最优化。

教学分工：李太祥老师负责理论教学,高登伟老师负责实操教学,楚雪平老师负责实施过程的资料收集和教学总结。

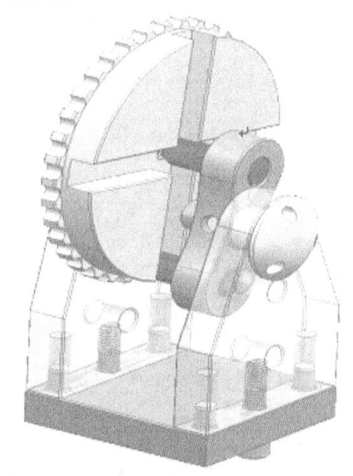

图4　偏心减速机

（四）开发企业真实产品为教学载体

以数控技术专业为例,深入地方企业,调研应对因智能制造而出现的新型高端服务岗位转移对策,分析岗位职业能力变化及需求。

根据调研结果,同企业技术人员一起,从复合型创新人才职业技能、职业素养的全面培养出发,明确课程设置及目标。针对企业需求,确定学生学习的任务载体,并设计教学内容。使用部件载体,采用一条线的模式对实践环节进行有机串联。

四、创新点

(一) 创新了渐进融合"4111"人才培养模式

4个校内实训教学载体,1个综合实训项目,1个毕业项目,1个毕业生互动交流信息平台。

实施学期项目,提高学生自主学习能力。规划过程,明确任务。通过学期项目的实施,使原来分散的课程围绕项目设计与制作而聚合。加强指导,提高质量。学期项目按课程建设要求制定课程标准,明确方向和要求,明确指导方式。促进交流,示范引领。于期中开展一次学期项目方案交流活动,于期末开展一次全院优秀学期项目评比活动,学院将对评审出的优秀学期项目给予经费支持。项目汇报,综合评价。以工程项目为中心,注重学生的学习能力与实践能力培养,学院实施以过程考核与学习汇报为主的多种评价方式。

实施综合项目,提高学生职业素养。在跟岗实习阶段,以来自企业的工程案例为载体,以教学工厂型实训基地为平台,将理论知识、实践技能、职业素养与实际应用环境结合,从而达到工作过程与教学过程融合。在案例教学中,采用"做中学,做中教"的教学方法,提高学生解决实际工程案例的综合能力。

实施毕业项目,提高学生的综合素质与可持续发展能力。在选题上,由学生在企业寻找真实项目;在指导上,实行双导师制,由企业指导教师与学校指导教师共同实施指导;在安排上,根据生产需要灵活调整,可以在岗前或岗后集中实施,也可以分布顶岗实习的各个时期;在阶段检查上,由校企共同制定阶段检查任务,由学院督导组实施中期检查;在项目考核上,由校企共同组织,注重成果的应用价值,注重学生能力的考核。

(二) 实施了"专业+"人才培养

在各专业中融入智能制造元素,开展"专业+"人才培养,构建了"基础共用、模块共享、拓展互选"的专业群课程体系,在教学过程中实施"双元结构"教师小组教学。

(三) 对企业产品进行了教学化改造

选择深度合作企业,对企业产品进行了教学化改造,形成了锤子、减速机齿轮轴、偏心减速机、双凸轮万向转台等一系列教学载体。

五、推广应用效果

(一) 院内推广应用效果

该项目的研究适用于高职院校人才培养模式的改革。培养出来的学生具有可持续发展的能力,能够实现学校对学生技能培养和企业对学生技能需求的无缝对接,实现从学生到企业员工的自然过渡。本项目在机电工程学院6个专业,逐步开展改革。教育部学生技能竞赛省级比赛一等奖获奖3项、二等奖获奖2项,国家级比赛一等奖获奖1项、二等奖获奖3项。

校企深度融合,工学结合,共同开发以案例为基础的课程标准,以案例为导向开发课程,实施"4111"人才培养模式,有利于学生创造能力、独立工作能力、协调能力及应变能力的形成等。学生得到企业认可(图5、图6)。

图5　Mastercam 应用工程师

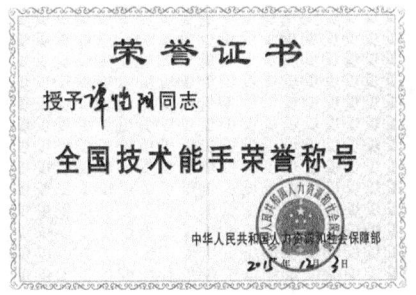
图6　全国技术能手

"双元结构"教师指导小组,在教学过程中除了学校一元,更是融入了企业一元,培养的学生的技能更具有实用性,能够在企业快速进入员工角色,同时教师指导小组的成立也全面提升了教师的教学能力、课程开发能力。完成河南省"十二五"规划教材3本,河南省立体化教材1本;立项建设2018年院级精品在线开放课程3门;信息化教学大赛省级比赛二等奖获奖1项;河南省教学技能竞赛一等奖、三等奖获奖各1项;相关教改论文2篇。

(二) 周边职业院校推广应用效果

河南机电职业学院应用了该项目提出的"专业+"人才培养,针对学院合作企业情况及实践教学条件,开发出了适用于学院的项目化教学案例,并将智能制造元素融入教学中,淡化了专业界限。通过近一年的实施,学生在职业素养、自主学习能力、综合素质与可持续发展能力方面有了很大的提高,学生的动手能力、适应企业能力得到了进一步的提高。我们认为该项目提出的改革符合现代高职机电类专业学生的学习规律,值得推广。

郑州职业技术学院应用了该项目提出的"专业+"人才培养,针对学院合作企业情况及实践教学条件,开发出了适用于学院的教学载体,并将智能制造元素融入教学中,助力《中国制造2025》。通过近一年的实施,学生在职业素养、自主学习能力、综合素质与可持续发展能力方面有了很大的提高,学生的动手能力、适应企业能力得到了进一步的提高。我们认为该项目提出的改革符合现代高职机电类专业学生的学习规律,值得推广。

注:本文为2017年河南省高等教育教学改革研究与实践项目研究成果,主持人王美姣,该成果获2019年河南省高等教育教学成果奖二等奖。

"行动引导型"模式在高职数控加工教学实践中的应用

一、项目研究背景

我国职业教育与发达国家的职业教育模式还存在较大差距,一些问题亟待解决:

(1)职业教育与经济社会发展和市场需求不适应,滞后性严重,尤其是为生产、建设、管理、服务第一线需要的高技能专门人才匮乏甚至严重短缺,高职教育的人才"短板"和"软肋"倍显突出。

(2)实践改革与创新动力不足,市场培育与企业孵化功能的外部软环境基础缺失,校企合作办学平台构架支撑不到位,理论游离于实际之外。生产第一线需要的高技能专门人才匮乏。

(3)职业院校"双师型"教师和教学团队量少质弱,"双证制"学生职业技能和实践应用能力不强,严重制约和影响着未来高素质、高技能的人才培养。

(4)职业教育国际化办学接轨不到位,高端人才引进的开放度和广聚度不高,职教功能作用尚未充分发挥和应用。

二、研究的过程和方法

1. 具体改革内容

(1)新课程体系的构建;

(2)课程内容的改革;

(3)结构合理教学团队的建设;

(4)基于工作过程教学方法的设计;

(5)先进教学方法的借鉴、应用与改进;

(6) 基于工作过程教学方法的实施。

2. 改革目标

总体目标：通过教学改革，加强对学生关键能力，即学生的专业能力、社会能力、方法能力以及可持续发展能力的培养。通过解构和重构，变课程结构系统化为工作过程系统化；通过校企合作，与企业共同制定适合培养学生关键能力的教学内容；通过不断学习、培训，建立一支优秀的双师素质教学团队；教学方法上，变以教师教为主为以学生自主学习为主；借鉴时下最流行、最先进的德国职业教育教学方法，通过改进原有教学方法，努力推广具有中国高职教育特色的以行动为导向的教学方法。

3. 实施方案及方法

（1）课程体系的构建，课程标准的制定

通过对课程内容的解构和重构，打破课程体系结构，按能力培养要求建立以工作岗位体系为依据的课程内容体系，制定出具有中国高等职业教育特色的数控加工教学课程标准。

（2）学习领域的形成

在学习内容上，不再是依靠传统课程体系教材，而是形成以培养职业能力（专业能力、方法能力、社会能力）为目标的新课程结构，根据所培养能力复杂程度整合典型工作任务形成综合能力领域。

（3）教学过程的控制

在教与学的过程中，在教师引导下学生共同参与、共同讨论、共同承担不同的角色。教师只控制过程，不控制内容；只控制主题，不控制答案。

（4）教学方法的形成

在教学方法上，针对不同的学习情境、不同的学习对象，行动导向教学既可以单项使用，也可以综合运用（头脑风暴法、卡片展示法、角色扮演法、案例分析法、项目教学法、引导课文法等）。在当今的职业教育中，教学形式与方法的多样性是必要的。

三、研究的成果

1. 创新了人才培养模式

校企合作共同创新了具有订单特色的"2+1"人才培养模式，"2+1"人才培养模式即校内学习和实训前两年+校外企业顶岗实习后一年；"订单式"人才培养即同企业共同培养学生并签订就业协议。人才培养模式分别在不同年级和班级中实施，逐步进行完善，形成了各专业的特色。"2+1"人才培养模式如图1所示。

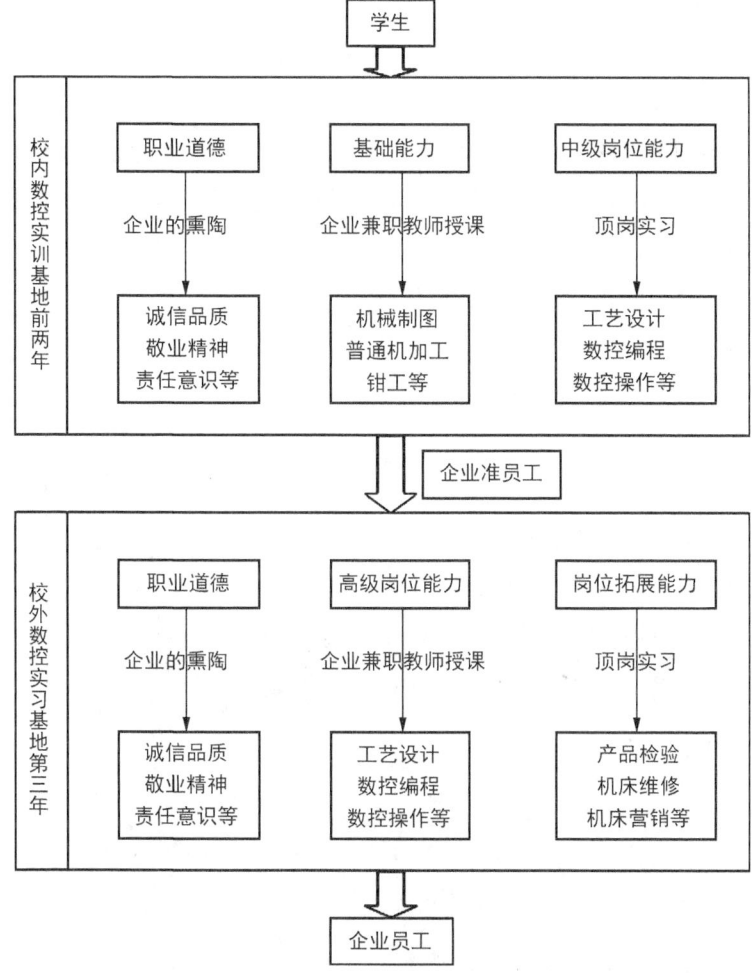

图1 具有订单特色的"2+1"人才培养模式示意图

学生前两年在校内数控实训基地加强基础能力培养，学习机械制图、普通机加工技术和钳工，按照中级工岗位能力要求，完成工艺设计、数控编程和数控操作技能培训。同时接受企业文化熏陶，培养自己的诚信品质、敬业精神和责任意识。在两年的时间内完成一个学生到企业准员工的转变，达到中级工岗位能力要求。

学生第三年在校外数控实习基地顶岗。按照高级工岗位能力要求继续进行工艺设计、数控编程、数控操作技能训练，顶岗完成产品检验、机床维修、机床营销等岗位拓展能力的技能培养，继续接受企业文化熏陶。完成一个准员工到企业成员的转变，达到高级工岗位能力要求。

具有订单特色的"2+1"人才培养模式的实施，人才培养质量大幅提高。双证书获取率达到100%，其中20%学生达到高级工水平，就业率达到96.2%；在教育部高职组各类大赛，人力资源和社会保障部等六部委数控技能竞赛，河南省阳光工程雨露计划金蓝领技能竞赛中取得了优异的成绩；培养出来的毕业生能很快适应企业岗位要求，得到了企业的一致好评。

2. 构建了基于工作过程的课程体系

为适应基于工作过程的课程建设，在课题研究的基础上，按照下述思路进行课程开发，开发流程如图2所示。

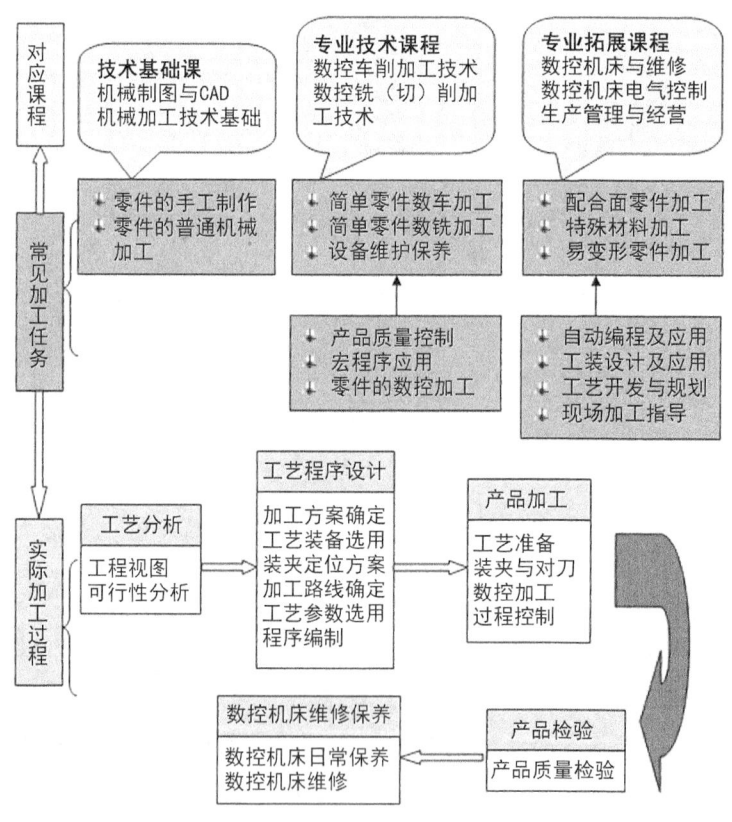

图2 数控技术专业基于工作过程课程开发流程

第一步,行业企业需求调研。通过广泛的行业企业需求调研,了解行业需求、职业需求和岗位需求,论证专业定位及培养目标,即培养"懂工艺、懂编程、会操作、会维修"的数控高技能型人才。

第二步,典型工作任务分析。召开企业专家研讨会,围绕数控加工技术工作岗位、任务以及对应的基本工作内容进行分析。

第三步,确定学习领域。召开教学研讨会,将典型工作任务转换为"数控车削加工技术""数控铣(切)削加工技术"等7门学习领域课程,确定专业课程体系,如图3所示。

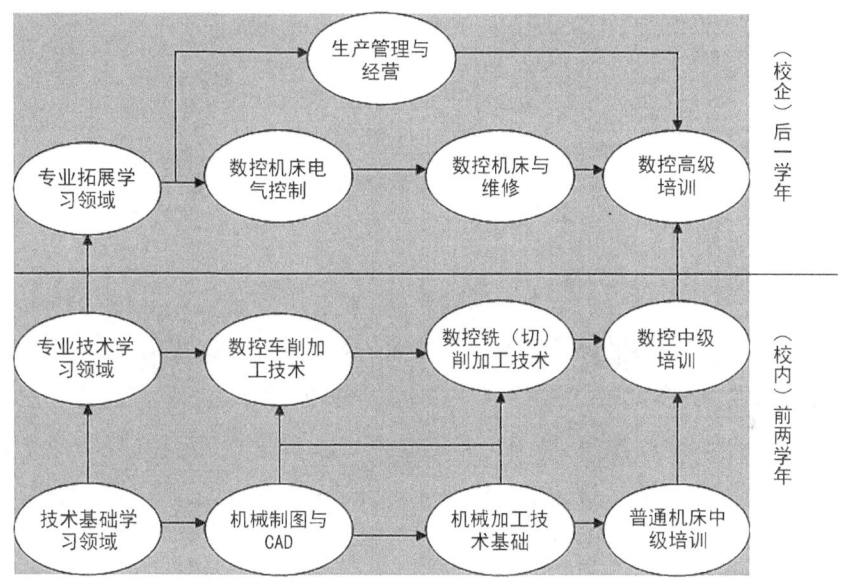

图3　数控技术专业课程体系图

第四步,学习情境设计。将学习目标、内容进一步细化,选择合适的载体,对学习情景进行设计,按照"资讯、计划、决策、实施、检查、评估"的程序,设计每门学习领域课程的学习情境内容。

3. 课程内容的改革

按照图4所示的思路开发"数控车削加工技术"等基于工作过程的课程,推行"讲—演—练—评"实践教学;将数控编程、数控工艺的理论教学、机床操作实训教学、数控工艺课程设计、典型零件加工及自动编程CAM等内容整合在一起,在校内数控技术实训基地进行"讲—演—练—评"实践教学。

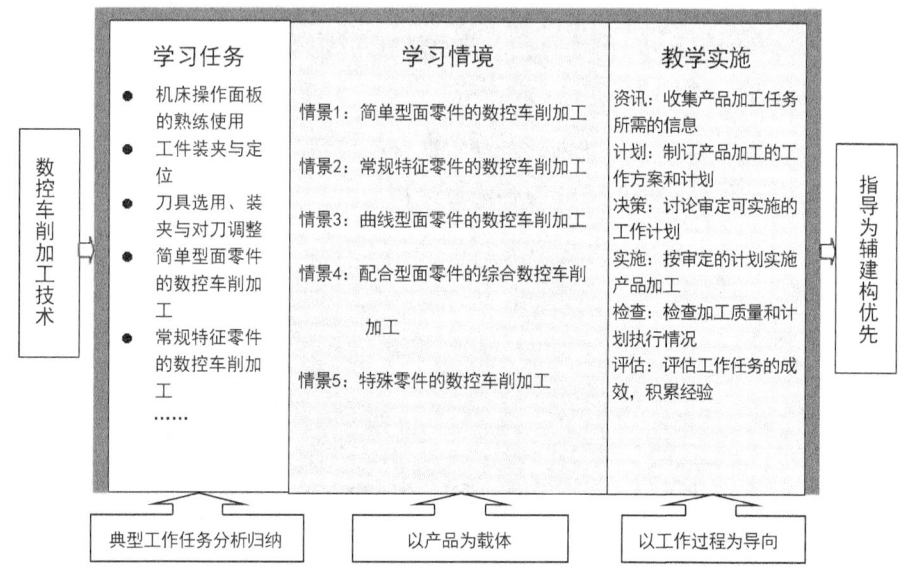

图 4 "数控车削加工技术"学习领域课程设计

开发了《数控车削加工技术》《数控铣削（加工中心）加工技术》等 7 本基于工作过程的教材。教材开发对基于工作过程的岗位任务进行转换；教材内容的项目载体选取了企业生产加工的零部件，按照零件图、装配图的读图及工艺规程制定；按照工卡量具的选择、程序编制、综合加工的步骤进行编排；广泛吸收企业技术人员参与编写，其中由机械工业出版社出版了 6 本体现工学结合的教材。

4. 结构合理教学团队的建设

建成了一支省级教学团队。专任教师的高职教育理念进一步提升，专业实践能力、专业建设能力、课程开发能力不断提高，形成了一支具有先进教育理念、掌握现代教育教学方法、"双师"素质高、"双师"结构合理的教学团队。

5. 各类大赛成绩显著

实施具有订单特色的"2+1"人才培养模式，重构了基于工作过程的课程体系，推行了"讲—演—练—评"四位一体教学模式（图 5—图 7），使实训教学比例达到 50%，半年以上顶岗实习达到 100%，毕业生双证书获取率达到 100%，其中高级工达到 20% 以上，学生的技能水平有了大幅提高。近三年来，学院学生在全国和河南省各类技能大赛中取得了优异的成绩，先后有 39 人次获奖，几乎包揽了河南赛区选拔赛各项目的前三名。

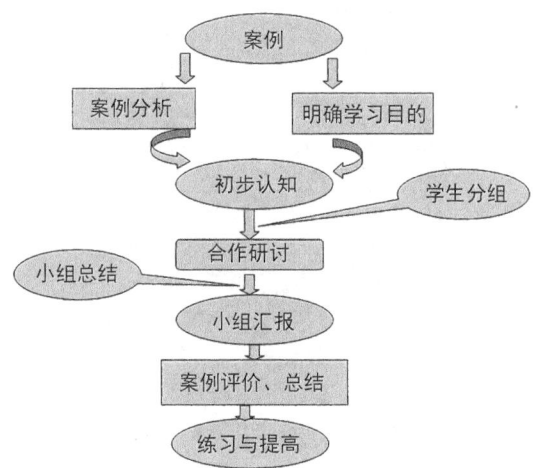

图 5 案例教学法流程

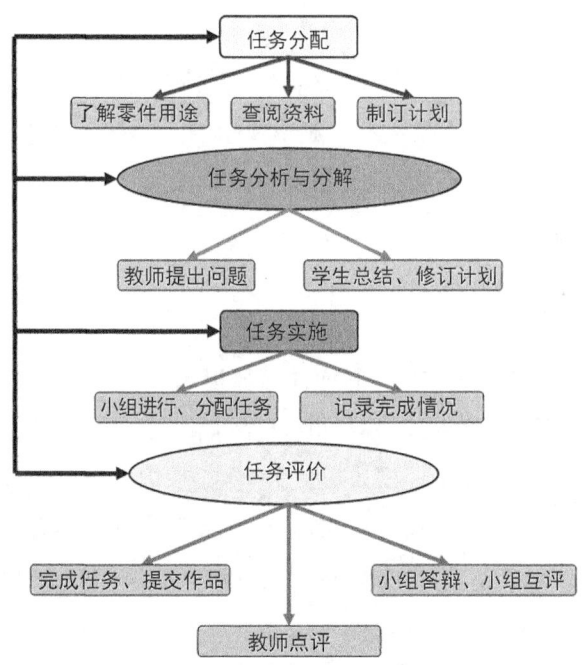

图 6 任务驱动教学法流程

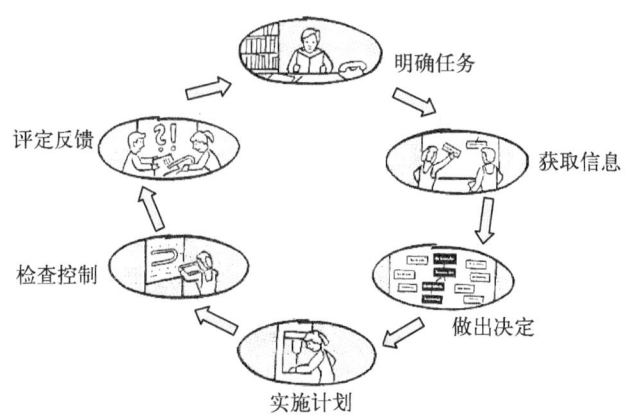

图 7　六步教学方法的实施

6. 毕业生就业率提高

以校内实训中心和校外实习基地为依托,通过校企合作、工学结合,践行教书育人、管理育人、服务育人、生产育人和环境育人"五育人"教育教学理念,培养"双证书"高端技能型人才;坚持把"行政工作围绕教学转,教学工作围绕就业转,就业工作围绕市场转"的"三个围绕"的办学理念贯穿整体工作始终,确保"毕业生就业一个都不能少"。数控技术专业毕业生的一次就业率平均达 95% 以上,对口率达 85% 以上。河南职业技术学院 2010 年获教育部"2009 年度全国毕业生就业典型经验高校"荣誉称号。

四、成果特色

1. 创新具有订单特色的"2+1"人才培养模式

依托郑州日新精工有限公司、郑州煤矿机械股份有限公司等企业,实施了具有订单特色的"2+1"人才培养模式,进行两学年校内基本专业能力培养和一学年企业职业能力的培养。采用小班授课,引入典型零部件处理为教学载体或教学任务,基于工作过程实施课程教学,显著提升了学生的专业技能,提高了学生就业的专业对口率和就业质量。

2. 培养了一支高素质的"双师"教学团队

聘请国家级数控专家来校讲学,举办了现代教育技术培训、说课和说专业活动、课程建设经验交流会等。通过项目实施,目前学院共培养了专业带头人 4

名、骨干教师9名;河南省学术技术带头人1人,教育厅学术技术带头人2人,省级高校教学名师2人;数控技术实训基地教学团队获省级优秀教学团队。

3. **人才培养和国家级大赛成绩斐然**

着力突出职业技能培养,每年举办一届全院师生技能大赛,以赛促教、以赛促学,形成了重实践、强技能的职业教育氛围。师生在国家级和省级技能大赛中摘金夺银,屡获殊荣,充分展示了学院的办学成果。

注:本文为河南省高等教育教学改革研究与实践项目研究成果,主持人赵军华,该成果获2011年河南省高等教育教学成果奖二等奖。

第三篇

研与创

高职院校"双创"孵化平台模式探索与实践

一、"双创"孵化平台现状分析

总结分析国内外相关文献可知,"双创"孵化平台是近年国内学术界研究的热点。国内学者对"双创"孵化平台的运作、发展、趋势、环境、制约因素和模式特征进行了研究和分析,在长期的探索过程中形成了一定的理论成果和实践经验。然而国内学者对"双创"孵化平台管理问题的研究比较单一,主要围绕管理模式或运行机制的某一方面进行研究,缺少对"双创"孵化平台系统性的深入研究,具有可操作性的研究成果不多。例如,"双创"孵化平台对入驻的企业缺乏严格的筛查,准入门槛较低,对科技创新能力的要求偏低,管理制度未能细化;创业者知识结构较为单一,考虑问题简单化,未能从真正意义上打破固有的思维模式,对创新的理解和认识有待加强等。

课题组通过调研,汇总出高职院校"双创"孵化平台亟待解决的三个问题。

第一,高职院校"双创"孵化平台建设亟待实现从硬件建设到内涵建设的转化,这关系到高职院校建设"双创"孵化平台的根本目标能否实现。

第二,高职院校的创新创业人才培养模式改革问题有待解决。"双创"孵化平台是高职院校人才培养模式改革的重要载体,高职院校要以"双创"孵化平台内涵建设为抓手,推动创新创业人才培养模式创新,发挥平台的育人作用。

第三,高职院校"双创"孵化平台"由量到质"的功能发挥问题有待解决。高职院校"双创"孵化平台普遍存在运营管理粗放、脱离产业需求等现象,需要向专业化、精细化方向转型升级,由单一功能向复合功能转变,从而助力产业结构调整和区域经济发展。

二、高职院校"双创"孵化平台模式构建与实践

高职院校应明晰"双创"孵化平台分类培养、精准施教的育人本质,通过优化"专创融合+思创融合+产创融合"的人才培养方案,内向引领高职院校人才培养模式改革,发挥中国国际"互联网+"大学生创新创业大赛、河南省高职院校创新创业教育联盟和河南职业技术学院职教集团的导向作用;外向引领平台功能输出。内外结合,搭建与需求导向相匹配的分阶式人才培养平台。以人才、管理、服务、文化"四轮驱动"升级运营模式,建立关键指标考核评价体系,提升平台运营动力;打造政府指导、校际融通、产业命题、企业共建、创友帮扶、金融创投六方协同的发展格局,从而构建"双向引领、四轮驱动、六方协同"的"二四六"高职院校"双创"孵化平台运营模式,以高职院校"双创"孵化平台内涵建设推动创新创业教育改革,助力创新创业人才培养。

(一)坚持育人本质,实现需求导向

"双创"孵化平台是创新创业人才培育平台,是高职院校人才培养模式改革的重要载体。高职院校应通过大数据分析和针对性调研,明确学生需求的差异性和学生创业项目不同发展阶段需求的差异性,以"分类培养+精准施教"的育人理念为出发点,明确"双创"孵化平台的定位。对创新创业人才实行技能创新型、科技创新型、复合创业型的分类培养,对学生创业项目进行分阶段孵化,提升"双创"孵化平台育人、孵化的质量。

近年,河南职业技术学院建设了以创新创业需求为导向的"创新创意小组—创新创业苗圃平台—创业孵化平台—孵化加速平台"的分阶式平台体系。创新创意小组、创新创业苗圃平台是基于专业和专业群的创新创业实训平台,学生通过参加平台活动进行创新创业实践启蒙。创业孵化平台是学校的创客空间,为具有明确创业想法并准备落地实施的学生提供创业场地、运营支持、政策对接等综合性服务。孵化加速平台是校政企共建的中国中原大学生孵化园,为发展壮大的学生创业项目引入创业资金,并推动项目的社会化、市场化运营。以需求为导向的四阶"双创"孵化平台分工明确,针对全体学生进行全覆盖式的"双创"教育,实现"分类选育—定向栽培—精准扶植—重点管护"的分类分阶教育,最终将学生分别培养成技能创新型人才、科技创新型人才、复合创业型人才。

（二）坚持"三个融合"，实现内向引领

将"思创融合＋专创融合＋产创融合"全面融入人才培养过程，内向引领高职院校人才培养模式改革。思想政治教育是高校创新创业教育的立足之本，贯穿整个"双创"教育课程体系。高校要以课程思政为基础推进思创融合，致力于培养有理想信念、有道德情操、有家国情怀、有责任担当的"四有创客"。创新创意小组、创新创业苗圃平台是学校与企业共建的专创融合孵化平台，结合学校专业群建设，将专业人才培养方案渗透进"双创"孵化平台，构建以需求为导向的多层次、分类别、阶梯式人才培养课程体系，并以创客工坊、创新工作室和各类创新创业训练营为载体，推进、实现专创融合；结合区域经济发展需求，创设基于产业命题导向的项目化教学模式，实现产创融合。以河南职业技术学院现代信息技术学院为例，该学院下设有信息技术协同创新中心、大数据"双创"基地、信息工程技术产教融合实训基地等各类综合性教学、"双创"教育实训机构，与近百家国内外知名企业建立了紧密的合作关系。该学院现有人工智能技术应用与创新、虚拟现实开发与应用技术等专业化的创新创意工作室40余间，专创融合工作坊6间，并据此开发出多层次、分类别、阶梯式的项目化、沉浸式融合课程，为学生快速提升专业水平和创新创业能力提供了优越的软硬件环境。

（三）坚持共享共育，实现外向引领

通过建设"双创"大赛平台、创新创业职教联盟平台和职教集团平台，发挥外向引领输出功能。以赛促创，发挥各类"双创"大赛的引领作用，以"创新攻关、团队组建、项目落地"为导向，实现校内不同平台、工作坊间的跨学科、跨专业协同作业，推动科技成果转化和学生创新创业项目快速迭代发展。为满足河南省内高职院校间共创、共享、共育的需求，打通校际间"双创"平台的壁垒，河南职业技术学院牵头成立河南省高等职业院校创新创业联盟，构建区域高职院校创新创业平台生态体系，实现了资源共享、平台联通，提升了孵化能力。河南职业技术学院为满足产业发展需求，共建职教集团平台，聚焦产业发展方向，助力产业结构升级，同时通过产教融合、校政企共建打通社会资源和校内资源协作路径。

（四）激活"四个要素"，提升运营动力

激活人才、管理、服务、文化四个要素。建设校内专兼结合的"'双创'双师"师资队伍、校外"创教一体"的高水平导师人才库，从建立"一把手"亲自抓、多部门联动的管理机制入手，建立先进、科学的管理机制，规范化运营；建设产业命

题、企业共建的产业动态信息项目库,以创客需求为导向开展全流程服务;建设开放共享、多元浸润、共育共生的"双创"平台文化,提升平台运营动力。

(五)促进六方协同,共创生态系统

为构建政府指导、校际融通、产业命题、企业共建、创友帮扶、金融创投六方协同的发展格局,河南职业技术学院做了以下工作:高效对接各级政府"双创"政策;牵头成立省内高职院校创新创业教育联盟,满足校际平台间共创、共育的需求;与企业共建专创融合孵化平台,助力企业技术创新;聚焦产业发展方向,助力产业结构升级;成立创友会,将创友资源引入孵化平台,形成"创客反哺"生态;成立"双创"基金会,完善金融创投服务,助推项目做优做强。

三、河南职业技术学院"双创"孵化平台建设成效

自 2018 年以来,河南职业技术学院累积孵化学生创新创业项目 156 个,产值近 2 亿元,为每个创业项目发放 5 000 元开业补贴,同时对接各级政府扶持资金 200 余万元,培养了一批以全国大学生创业先进人物、河南省大学生创业标兵为代表的创新创业人才,并在 2021 年第七届中国国际"互联网+"创新创业大赛国赛中获得金奖。不断涌现的创新创业人才,正是河南职业技术学院分阶式平台育人、分类施教、精准培养的实践成果。

高职院校作为培养和造就高素质技术技能人才的重要载体,在创新创业型人才培养中发挥了关键作用,应立足国家对高素质技术技能人才的需求,结合区域经济发展现状,科学谋划、整合资源、深化改革、创新机制、协同发展,培育更多、更优秀的"双创"孵化平台实践成果。

(肖珑,原文载于《河南教育》2022 年 5 月期)

编注:河南职业技术学院"双创"孵化平台以"分类培养+精准施教"的育人理念为出发点,通过内向引领高职院校人才培养模式改革和外向引领平台功能输出,搭建与需求导向相匹配的分阶式人才培养平台,并以人才、管理、服务、文化"四轮驱动"运营模式,整合政府、院校、企业、产业、创友、金融六方力量,从而构建"双向引领、四轮驱动、六方协同"的高职院校"双创"孵化平台模式。

基于"四对接、六合一"校企命运共同体智能制造类专业群人才培养模式创新与实践

一、项目背景与意义

2010年,国务院印发《关于中西部地区承接产业转移的指导意见》,凭借制造业基础优势,河南省迎来了高端制造业转移与智能化升级的新发展。富士康、海尔、格力等大型企业智能化产线的陆续投产,产业转移与升级企业的规模、数量不断扩大,逐步形成智能制造产业集群。河南"制造"变身"智造",成为先进制造人才缺口大省。学院准确把握行业企业对智能制造类人才的需求动态,创新"四对接、六合一"校企命运共同体人才培养模式,服务区域产业转移与升级。成果在国家优质校、双高计划建设中不断优化,形成河职模式。

实践中,学院主动对接区域高端制造业,调整专业布局;紧跟技术发展,与富士康、郑煤机等企业校企共建了多轴高速高精加工、自动化产线等20个工匠工坊,培养学生专项技能。2018年,珠海格力电器将两条产线转移到成果单位,校企共建格力智能制造学习工厂;2020年,与郑州海尔空调器有限公司共建海尔学习工厂,师生入驻企业进行生产性教学,提高学生综合技能。2018年,与中机六院等合作升级,成立智能制造"两化"融合的应用技术协同创新中心,为企业提供技术服务。通过工匠工坊、学习工厂、协同创新中心3个育训平台的深入合作,组建N个项目池不断吸纳企业生产项目,实时调配、升级更新,创建"3+N"递进式实践教学体系,如图1所示。针对区域经济智能制造产业链岗位群,重构数控系统应用、机器视觉技术等46个专业教学模块;从产教学研创训六个维度,组建工艺与方案设计、机械加工与制造、工控与网络调试、装备集成与运行4个结构化教师教学创新团队。依据项目池开展生产性实训和企业定制化服务,实践一企一案模块化教学路径,实现专业群与岗位链、专业能力与职业能力、教学

标准与岗位标准、教学过程与生产过程的四对接。通过平台生产、研发功能,围绕智能单元升级改造,实现实训工件与企业产品、教师团队双岗双兼、学生与工匠之徒、科研项目与技术研发、专业学习能力与技术创新能力、培育培养与培训服务的六合一;紧跟技术发展,完成组群升级、融合升级、产教升级、师技升级、服务升级,实现人才培养升级,形成了"四对接、六合一"校企命运共同体智能制造类专业群人才培养模式。成果助力 12 家大型企业、带动 42 家中小微企业完成转型升级,培养的 15 000 余名优秀毕业生成为企业转型升级的技术骨干。

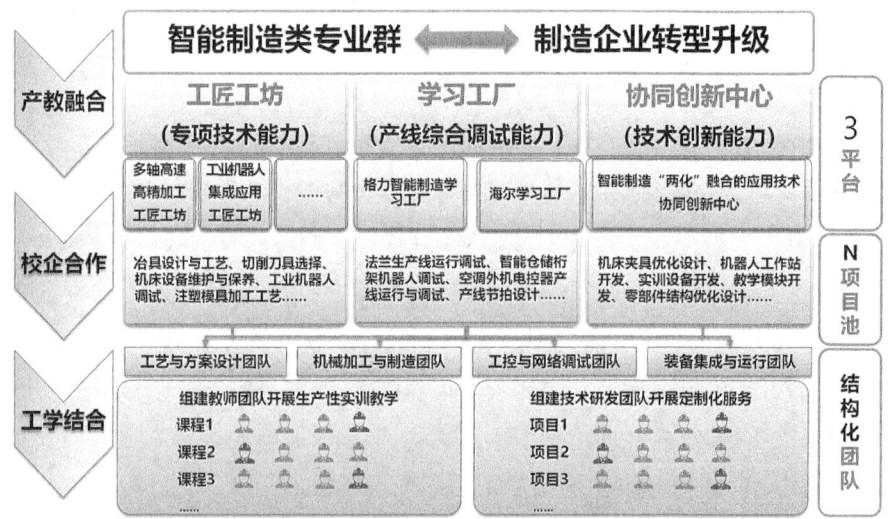

图 1　"3＋N"递进式实践教学体系

二、成果主要内容

1. 创新"3＋N"递进式实践教学体系

依照"校企共融、机制共构、资源共享、基地共建、师生共育"的原则,校企共建工匠工坊、学习工厂、协同创新中心。通过 3 个迭代递进的平台,将产业链岗位群的核心单元、关键技术进行拆解、组合、升级,形成 N 个项目池,满足不同企业、不同岗位对人才技能的不同需求,形成"3＋N"递进式实践教学体系。

(1)"拆解"关键技术,校企共建 20 个工匠工坊,培养专项技术技能

自 2013 年起,学院陆续与郑煤机集团、富士康集团、华中数控等公司合作成立工匠工坊,如图 2 所示。

校企共建工匠工坊

年份	企业	工坊内容	类型
2013年	郑州煤矿机械集团股份有限公司油缸分厂	机械加工	基础工匠工坊
2013年	郑州煤矿机械集团股份有限公司结构件分厂	结构件焊接技术	基础工匠工坊
2013年	武汉华中控有限公司	华中数控系统	基础工匠工坊
2014年	北京发那科机电有限公司	FANUC数控系统	基础工匠工坊
2014年	河南叁迪科技有限公司	塑料成型	基础工匠工坊
2015年	郑州宇通集团有限公司	白车身焊装	基础工匠工坊
2015年	郑州日新精密机械有限公司	精密加工	基础工匠工坊
2015年	富泰华精密电子（郑州）有限公司	多轴高速数控加工	基础工匠工坊
2015年	郑州豫诚模具有限公司	冲压成形技术	基础工匠工坊
2016年	鸿富强精密电子（郑州）有限公司	自动化产线	基础工匠工坊
2016年	郑州叁迪科技有限公司	增材制造	前沿工匠工坊
2016年	机械工业第六设计研究院有限公司	数字化设计与数字化车间设计	前沿工匠工坊
2017年	卫华集团有限公司	起重设备制造	前沿工匠工坊
2017年	海马汽车有限公司	汽车发动机加工制造	前沿工匠工坊
2018年	上海厦浦智能系统有限公司	工业大数据	前沿工匠工坊
2018年	费斯托（中国）有限公司	综合应用	前沿工匠工坊
2019年	国机工业互联网研究院（河南）有限公司	虚拟仿真	前沿工匠工坊
2019年	河南裕展精密科技有限公司	智能制造视觉技术	前沿工匠工坊
2020年	北京华航唯实科技有限公司	工业机器人集成应用	前沿工匠工坊
2020年	郑州科慧科技股份有限公司	焊接技术	前沿工匠工坊

图 2 校企共建工匠工坊

（2）"引入"智能产线，校企共建两个学习工厂，培养产线联调综合技能

2018 年，河南职业技术学院与珠海格力电器共建格力智能制造学习工厂，以"校中厂"形式搭建气缸、法兰生产两条智能化产线。

2020 年，河南职业技术学院与海尔集团共建海尔学习工厂，以"厂中校"形式搭建空调外机电控设备智能化产线。

（3）"调动"多方力量，成立协同创新中心，培养技术创新能力

2018 年，河南职业技术学院与机械工业第六设计研究院有限公司、王克胜院士工作室、同济大学合作共建智能制造"两化"融合的应用技术协同创新中心。

2. 创新一企一案的模块化教学路径

以市场需求为导向，围绕中部地区产业转移与升级，依据学院发展定位和资源优势，从产业匹配度高的专业入手，进行专业优化和组群。筛选出数控加工类、机电一体化类等 5 个智能制造岗位群，细分岗位核心能力 165 个，梳理核心能力支撑课程 160 门，构造课程能力交叉点 24 650 个，构建了"基础共用、专业共享、拓展互选"的智能制造类专业群课程体系，如图 3 所示。

利用 3 个平台，学生在 3 层进阶式模块化教学中，自主选择、构建适合自己的模块化课程，完成基础能力、专项能力、综合能力、创新能力的培养；结构化教师团队借助 3 个平台，一企一案，整合优质教学资源与企业培训资源，不断开发与优化模块化课程。

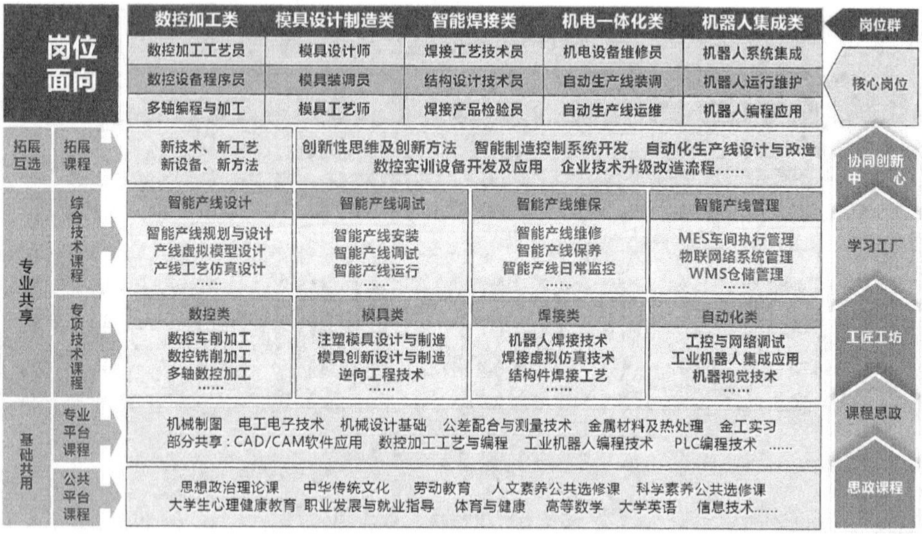

图 3　智能制造类专业群课程体系

（1）为企业员工技能提升提供战略服务

2013 年，FANUC 数控系统应用中心开始对外培训，内容包括数控机床故障诊断技术等，累计培训 5 483 人次。

2014 年，承接海马轿车发动机制造部、许昌烟机机电类工种培训，累计 1 083 人次。

2015 年，承接平高集团等企业的员工培训 446 人次。

2018 年，举办电科二十七所员工专项培训班，完成培训 342 人次。

累计完成职业资格技能培训与鉴定 15 000 余人，涵盖数车、数铣、加工中心、电工等 12 个工种。

（2）为院校师生能力提升提供专项培训

2014 年，举办国家数控技术，省机电一体化技术等师资培训班，培训 315 人次。

2015 年，举办河南信息职业技术学院等院校教师培训班，培训 86 人次。

2018 年，举办高端装备制造专业带头人培训班、数控技术双师培训班等，培训 286 人次。

2020 年，举办河南省多轴数控加工 1+X 证书师资线下培训班、全国 1+X 多轴数控加工职业技能等级证书师资培训班等，累计培训 488 人次。

3. 创新校企命运共同体的实现方法

建设国家级应用技术协同创新中心,深度参与大型企业产业升级服务,校企共同完成"组群升级、融合升级、产教升级、师技升级、服务升级",构建"价值共识、责任共担、利益共赢"的"六合一"校企命运共同体人才培养模式,实现人才定位变化、产品升级变化、技术选择变化带来的特色与升级。

(1) 提升人才培养定位,实现组群升级

成果实践以来,专业群组群不断升级,如图4所示。

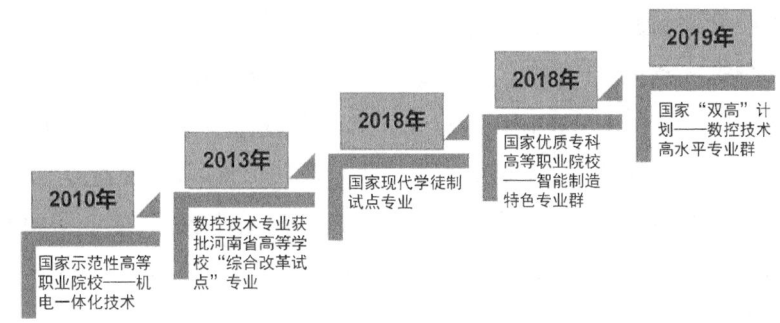

图4 专业群升级路线图

(2) 建立多方合作机制,实现融合升级

以郑州煤矿机械股份有限公司为例:

2012年,联合获批河南省高等职业教育示范性综合实训基地;

2013年,搭建创新创业平台,开展以企业产品为载体的生产性实训;

2016年,双元结构教师小组共同担任综合项目实践教学;

2020年,合作完善职业教育和产教融合体系,建立评价机制。

以海尔集团公司为例:

2014年,开始成立海尔专班;

2016年,开始为海尔集团订单培养;

2017年,开始探索实施校企双元育人;

2020年,建立"厂中校"海尔学习工厂。

(3) 调整项目课程模块,实现产教升级

以富士康集团为例,跟随技术换代,动态调整教学模块:

2013年,开始与鸿富锦合作,成立"富士康专班",开发机电一体化基础教学模块；

2014年，成立鸿富锦"PE专班""MFG专班"，开发数控设备维修教学模块；

2016年，开始与富泰华合作，开发自动化产线设计教学模块；

2017年，成立"河南裕展订单班"，开发模具创新设计与制造教学模块；

2018年，与富泰华合作，开发机器视觉技术教学模块。

（4）建立双岗轮动机制，实现师技升级

2012年，为FANUC公司开发数控车削、数控铣削、数控四轴装调实训设备；

2013年，协助富泰华搭建以机器人应用为主的焊接制程自动化生产线；

2015年，为郑州神悦机电设备开发水冷轴承座等产品；

2019年，为河南叁迪科技开发建设模具立体仓库，实现模具的智能化管理；

2020年，为河南效齐达升级数控加工设备液压卡盘，降低辅助加工时间；

2021年，为清华大学天津高端装备研究院洛阳先进制造产业研发基地开发全自动下料工作站，为邓州星光机械研发试制某型号火箭弹新产品等。

（5）聚集各类优势资源，实现服务升级

2012年，建成教育部FANUC数控系统应用中心；

2013年，建成数控技术、模具设计与制造专业国家高技能人才培训基地；

2014年，建成省级公共示范鉴定实训基地；

2017年，建成数控技术"双师型"培训基地；

2018年，建成河南省智能制造公共示范实训基地、机电一体化赛项世赛集训基地；

2019年，建成西门子数控数字化（河南）技术应用中心；

2020年，建成技术技能创新服务平台、省职业院校教师省级培训基地、省职业院校"双师型"教师培养培训基地、省级世赛重点赛项提升项目基地（2个）；

2020年，加入河南省智能制造推进联盟，参与河南省智能制造服务平台建设与服务；

2021年，立项建设国家级职业教育虚拟仿真实训基地。

三、解决的教学问题及方法

1. 创设"3＋N"递进式实践教学体系，强化复合型人才培养

针对高端产业高素质技术技能人才培养路径问题，对接富士康、格力、郑煤机等智能化产线岗位链,拆解产线的共性岗位,组建基础工匠工坊;紧跟行业技术发展,对接新兴智能制造技术领军企业,对标高新岗位,组建前沿工匠工坊。分析岗位关键技术,以企业案例设置 N 个项目池,培养专项技术技能。如富士康多轴高速高精加工工匠工坊下设治具设计与工艺、手机框架加工、多轴数控设备维护、多轴数控设备日常保养 4 个工坊项目池,以手机框架为载体,实现生产性教学。

整合专业资源,聚集企业优势资源,与企业共建智能制造学习工厂。学生兼具学生与员工双重身份,在不同项目池的不同岗位间轮岗实习,有效缩短毕业生适岗周期,培养跨专业智能制造复合型技术技能人才。

与科研院所共建协同创新中心,培养学生技术创新能力。建设企业横向技术服务项目池 12 个,成立校、企、院三师+优秀学生(3~6 人)的横向技术服务团队,解决企业技术难题 600 余项,实现科研反哺教学,提升优秀学生的技术创新能力。

2. 依据项目池重构课程体系,实施模块化教学

针对培养规格与企业岗位能力需求不同步问题,按照理论融入实践、需求融入教学、生产融入实习的思路,校企共建 46 个教学模块。

大一学习基础共用模块,培养人文素质和专业基础能力;大二利用工匠工坊学习专业共享模块,培养职业素养和岗位专项能力;大三利用学习工厂,以跟岗实习的方式完成拓展互选模块,培养岗位综合能力,满足智能制造关键岗位需求;15% 的优秀学生以"校企共培生"的身份进入协同创新平台,参与技术服务项目,培养技术创新能力。

3. 构筑多方共赢的校企命运共同体,实现"五维升级"

针对校企多维同步升级的共同体构筑问题,多方共筑开放式智能制造产业升级平台,形成"五维升级"需求信息库。

四、成果应用推广效果

1. 助力产业转移,提供复合型技术技能人才支撑

具体成果如下:

- 用人单位毕业生满意度 98.5%
- 河南省五一劳动奖章
- 河南省技术能手
- 河南省政府特殊津贴专家

- 全国技术能手
- 全国青年岗位能手
- 国家级技能大赛一等奖 11 项、二等奖 13 项、三等奖 7 项
- "挑战杯"中国大学生创业计划竞赛金奖
- 中国大学生"互联网+"双创大赛铜奖
- 12%的富士康学生获优秀员工、优秀管理干部、年度突出贡献奖

2. 服务企业升级,师生共同开展技术服务

具体成果如下:

- 技术服务 400 余项
- 横向技术服务 4 000 余万元
- 专利 135 项
- 企业职工培训 142 次
- 骨干教师培训 32 次
- 技术回炉培训 42 次
- 培训受益人数 1.8 万余人

3. 形成丰富教学资源,有力支撑人才培养

具体成果如下:

- 国家高水平专业群
- 国家高技能人才培养示范基地
- 国家技能人才培养突出贡献奖
- 全国创新创业典型经验高校
- 国家级教师教学创新团队
- 河南省黄大年式教师教学创新团队
- 国家级技能大师工作室
- 省级技能大师工作室
- 河南省职业院校"双师型"名师工作室
- 课程思政示范课程国家级 2 门、省级 2 门
- 省级教学成果奖特等奖、一等奖各 1 次,二等奖 3 次
- 国家级优秀网络课程
- 省首届教材建设高职高专机电类专业规划教材一等奖 1 本,二等奖 2 本

4. 社会高度认可,发挥示范引领作用

项目成果得到业内广泛认可,河南工业职业技术学院、上海工商职业技术学院等省内外 200 余所职业院校借鉴了本成果,郑煤机集团、富士康科技集团、郑州日新等 100 多家大、中、小型企业与我校建立起合作伙伴关系,先后接待业务考察 270 余次。各高职院校对专业群与区域产业链岗位群的对接模式、岗位能力分析方法、岗位面向梳理流程等给出了充分肯定并广泛借鉴;课程实施过程中,"六合一"运行模式充分体现了校企命运共同体的构建,育训结合培养出了符合企业岗位需求的复合型技术技能人才;校企深度合作共建工匠工坊、学习工厂、协同创新中心的经验推广一直在扩大中,将企业项目融入教学过程,专业教师与企业技术人员共同组建双元结构教师团队,充分保障了学生培养质量,提升了教师教学和科研能力。各大中小型企业在合作过程中从单一的人力资源需求,转向技术服务、转型升级等全方位需求。《中国教育报》《教育时报》等十余家媒体相继专题报道了我校职业教育成果,如图 5 所示。

图 5　部分媒体报道

注:本文为 2019 年河南省高等教育教学改革研究与实践重点项目研究成果,主持人肖珑,该成果获 2021 年河南省高等教育教学成果奖特等奖。

高职院校"四对接、六合一"校企命运共同体人才培养模式研究

一、高职院校校企命运共同体建设研究意义

"中国制造 2025"时代,工业生产将呈现前所未有的特征,真正实现工业生产的灵活性,极大提高生产效率和资源利用率,重新定义技术、生产与人的关系,制造流程不再是一家企业的单个行为,而将实现纵向集成,生产的上中下游之间的界限将更加模糊,生产过程将充分利用端到端的工程数字化集成,人将不仅是技术与产品之间的中介,而更多地成为价值网络的节点,重新成为生产过程的中心。

目前,高职院校普遍存在如下问题:

第一,学生职业素养不高,毕业生跳槽情况严重。这就要求我们将专业能力与职业能力进行对接。

第二,产教融合深度不足广度不够,不利于实现企业人才需求变化的无缝对接。以河南职业技术学院为例,目前学校的产教融合深度、广度不足,仅仅表现为学校在企业建立实习基地,合作设立"订单班",这些只是初步形成产学合作体,生产性实训学生参与度、参与面尚有欠缺,还缺乏产品研发方面的深度技术合作,并且合作项目偏少。

第三,专业特色不够鲜明,亮点不够凸显,不利于迅速应对智能制造时代下的课程改革。经过国家优质校特色专业群的建设,河南职业技术学院数控技术专业群建设取得了优异成绩,但在"双高"建设的新形势下,对标 A 类院校,我们还有差距,亟待赶上。

第四,教学过程采用任务驱动,但教学内容与企业实际工作任务差别较大。我们需要将企业任务、企业产品引入课堂,真正做任务、做生产,将生产性实训普

及到每一名学生。

本文的研究旨在高职校企深度融合的基础上进一步构建命运共同体,创新实践高职智能制造类专业群基于"四对接、六合一"的人才培养模式,初步创新形成既具有高职共性又具有区域特色,科学、优化的智能制造业技术技能型人才培养体系,进一步提升智能制造类专业群的服务发展水平,提升专业群对外交流合作水平,提升信息化在专业群建设中的应用,从而提升学校整体办学水平。

二、面向产业需求"四对接",改革智能制造类专业人才培养模式

市场需求是高职院校人才培养的导向,此部分内容是研究的逻辑起点,是基础性内容。研究的重点是依托产教融合,校企合作,通过广泛开展智能制造业岗位调研,综合分析智能制造业的职业道德、职业行为、职业知识、职业技术、职业能力、职业证书、职业岗位转换能力等方面的职业岗位需求,最终得出专业群与岗位群的关系。

1. 专业群与产业链的对接

以河南职业技术学院高水平专业群为例,围绕区域装备制造业核心产业,专业群按照专业核心技术和岗位能力要求进行专业分工,贯穿产品全生命周期即设计、生产、销售、运维等关键环节,既紧密联系,又各有重点,形成有机统一的专业链。专业群聚焦服务先进制造业,紧跟产业转型升级过程中带来的生产组织方式的变革,围绕产品工艺实施过程中智能设计、智能生产和智能物流等环节,对接工业设计技术、模具设计技术、数控加工技术、自动化焊接技术、柔性制造、生产线安装与调试、智能装备操作维护等技术链进行复合型高素质技术技能人才培养和技术创新,重点解决制造领域中的高端多轴数控加工技术难题,形成数控技术专业群人才培养的技术链与产业链。

2. 专业能力与职业能力的对接

专业群以学生职业能力的可持续发展为目标,融合智能制造与装备维护双重职业能力,培养学生数控加工技术和机器人应用技术的专业能力,满足产业需求。

3. 教学标准与岗位标准的对接

按照国家《装备制造人才队伍建设中长期规划》,专业群精准对接区域先进制造业企业的岗位标准,制定以培养区域产业急需的高档数控机床等领域的高

素质技术技能人才的教学标准。各专业岗位群不仅是基于岗位无缝对接的、以就业为导向的若干岗位的集群,而且是群内各专业通用岗位群、核心岗位群的不断更新,可以迭代出企业需求的交叉岗位群——复合型人才。

4. 教学过程与生产过程的对接

专业群围绕装备制造类企业,将教学过程与生产过程对接,教学内容基于生产过程。如机电一体化专业的柔性制造单元装调的岗位技能,教学内容可依托我院的智能制造学习工厂法兰或气缸加工生产线,在实际的生产过程中对机器人进行编程和运行维护。

三、探索六个维度"六合一"校企命运共同体建设路径

以河南职业技术学院为例,我院与珠海格力集团深度合作,建设了一个生产型智能制造学习工厂,创新校企合作模式,构建校企命运共同体,利用数字孪生技术,打造了一个实训与生产相结合的综合性平台,从"产、教、学、研、创、训"六个维度,实现"六合一"人才培养模式。

1. 实训工件与企业产品合一

明确智能制造学习工厂的生产载体为空调上使用的法兰和气缸,与珠海格力集团签订生产合同和联合协议,确保学习工厂未来3年以上能够持续运营;结合产品载体的生产特点,搭建法兰和气缸生产线,采用数字孪生技术,将学习工厂的生产场景通过数据、信号等连接到数字孪生体,根据场景的不同分别进行处理,最终形成数字孪生实训平台。利用此平台,学生或教师可以对不同的设备、产线、生产场景进行实操、调试等。

2. 教师团队双岗双兼合一

构建的学习工厂采用企业化生产管理、开创生产性教学模式,设置生产性教学课题,教师团队中校内教师需承担企业工程师兼职岗位,企业技术人员需承担学校教师兼职岗位,使实训教师和企业技师或能工巧匠有机融合,实现教师团队双岗双兼合一。借助生产型智能制造学习工厂,开展生产性实训教学,通过教师讲解、技师演示、共同指导评价等方式,将生产和教学高度融合,提高实训教学质量,满足企业生产品质要求。

3. 学校学生与工匠之徒合一

智能制造学习工厂在学生培养上实行现代学徒制,学生既是学校学生又是

工厂学徒,在教学过程中实施双元结构教师小组,学校教师和企业师傅共同参与教学,借鉴"师带徒"培养思路,在生产实践当中培养学生"精益求精"的工匠精神,引导带动学生在智能制造学习工厂环境中"学中做、做中学",培育"追求卓越"的职业素养,实现学生在校学习与未来工作岗位的无缝对接,从而为学生胜任新时代工作岗位需求和终身学习打牢基础。

4. 科研项目与技术研发合一

依托智能制造学习工厂,开展智能制造和工业互联网的相关共性技术研究和应用,汇聚珠海格力集团企业资源和技术资源等,支撑河南职业技术学院面向社会提供技术研发服务。

5. 专业学习能力与技术创新能力合一

结合智能制造学习工厂的企业真实产品研发与生产,鼓励学生参与创新实践项目,在双导师的指导下,逐步培养学生创新意识,提高学生技术创新能力。在专业知识学习完成的基础之上鼓励教师、学生跨专业组建创新团队,投入研发资金,明确责任,对创新项目实行有效管理,确保项目有序实施。项目主要有两个方向,一是自动化生产线运行,采用工业机器人、AGV 小车、立体仓库、数控机床等智能装备,完成智能制造学习工厂车间原材料验收入库、加工、配送、检验、清洗、包装、发货等环节;二是信息化手段运用,通过设备联网系统、视觉识别系统、看板系统、安灯系统及数采监控系统等实现车间设备的互联互通,将生产状态信息、设备运行状态信息、车间运营信息等传递到上层信息化应用系统,通过增加学生学习环节,将信息化应用系统的应用场景进行可视化展示,实现专业学习能力与技术创新能力合一。

6. 培育培养与培训服务合一

智能制造学习工厂可用于支撑教师科技研发、学生教学实践,并面向社会提供技术实训服务。智能制造学习工厂结合教育部第四批 1+X 证书"数字化工厂生产线装调与运维",面向数控技术、工业机器人技术、机电一体化技术等相关专业学生、高校教师和社会人士等开展 1+X 证书培训与考核服务工作。

(武同,肖珑,王美姣,原文载于《赢未来》2020 年第 12 期)

编注:河南职业技术学院国家级高水平专业群——数控技术专业群从"产、

教、学、研、创、训"六个维度,探索实训工件与企业产品合一,教师团队双岗双兼合一,学生与工匠之徒合一,科研项目与技术研发合一,专业学习能力与技术创新能力合一,培育培养与培训服务合一的"六合一"运行模式。通过实践,实现专业群与产业链,专业能力与职业能力,教学标准与岗位标准,教学过程与生产过程的"四对接"。

河南省高技能人才培养模式研究

一、河南省高技能人才培养现状

《高技能人才队伍建设中长期规划(2010—2020年)》中指出:高技能人才是拥有高超技能并能进行创造性劳动的技术工人优秀代表,在促进产业结构升级、提高企业竞争力等方面具有重要作用。为促进高技能人才培养,河南省政府先后颁发《深入推进河南全民技能振兴工程2014—2017年行动计划》《河南省〈高等职业教育创新发展行动计划(2015—2018年)〉实施方案》等一系列文件,并部署了具体行动方案。

经过不懈努力,近年来河南省高技能人才培养体系初步完善,队伍梯次结构得以优化,人才数量不断扩大,在促进产业结构优化转型、服务区域经济、提高企业竞争力、推动技术改革创新以及实现科技成果转化等方面发挥了重要作用。河南省人力资源和社会保障厅已有的数据表明:截至2014年年底,河南省有962所职业院校,210多万名在校生;河南省职业技能鉴定机构达587所;"十二五"期间,全省高技能人才总量达160.15万人,约占技能劳动者总量的27.0%,其中新培养量为103.8万人,开展职业培训1866.73万人次,较"十一五"期间分别提升了0.6倍、3.25倍和2.49倍。

但是在取得成绩的同时,仍然存在一些突出的问题。(1)高技能人才总量不足,人才结构不太合理。公开资料表明:2012年年底江苏省高技能人才总量为203.2万人,占技能劳动者总数的28.3%;2013年年底,山东省、江苏省、广东省高技能人才总量分别为187万人、232万人、220万人。数据对比表明:河南省高技能人才总量还不能完全满足社会需求,与发达省份相比处于较低水平;培养产出与社会需求符合度不够,高、中、初级技能人才队伍梯次结构不太合理,高尖技能型专家匮乏。此外,技术工人文化层次普遍较低,学习能力有限,高技能人才成才率较低。(2) 对高技能人才仍有认知上的偏差。具体表现在：新生劳动力大多是独生子女，劳动光荣、当优秀技术工人同样能成才的观念未能得到普遍认可；少数企业技能等级证书与工人福利待遇关联度不大，技能型人才福利待遇和发展渠道远远赶不上专业技术型人才；多数企业特别是民营和中小企业重使用轻培养，没有建立正常的高技能人才培训制度和技能人才成长通道，与技工院校合作的积极性也不足。因此，"官热民不热""上热下不热""校热企不热"等问题还将长期存在。

二、研究河南省高技能人才培养模式的必要性

人才是第一资源，高技能人才是人才队伍的重要组成部分。研究河南省高技能人才培养模式，对加快高技能人才培育、打造人力资源新优势、推进产业转移升级、发展区域经济具有重要意义。

(一) 产业转型升级的需要

地处中原大地的河南省在实施"一带一路"战略（现提法为"一带一路"倡仪）中，已逐渐从农业大省向工业强省嬗变。在经济转型升级的大背景下，在深入推进全民技能振兴、服务郑州建成国家中心城市、打造"技能河南"、建设"三个大省"的进程中，高技能人才是创新干事的重要力量，因此，河南需要服务区域经济发展的各行各业的高技能人才。

(二) 人才竞争储备的需要

人才储备是经济得以快速发展的基础，人才集聚程度是一个国家或地区综合竞争力体现的指标之一。河南省因地处内陆，社会经济发展水平相对落后，在引进外来高技能人才上对比江苏、浙江、湖北等省份优势不明显。目前，河南省高技能人才结构、素质、比例和培养模式都远远不能满足发展需求。2016年第四季度河南省人才市场分析报告指出：高技能人才必将成为人才需求的主力军。因此，如何将本省的人口资源转换为满足产业发展需求的高技能人才资源，是需要迫切解决的问题。

(三) 解决就业结构性矛盾突出的需要

作为人力资源大省，河南省就业总量压力很大，并且受产业转型升级、用工成本上升等因素影响，就业结构性矛盾突出，高技能人才供不应求。因此，必须

适应就业形势新动态，研究高技能人才培养模式，将劳动力由数量优势发展为数量、质量双优势，以缓解就业结构性矛盾。

三、河南省高技能人才培养模式探索

高技能人才培养模式基本思路在理论上已经有了初步共识，即在政府引导下，以职业教育为载体，加强校企合作，发挥企业主体地位，建立高技能人才培养机制和创造人才成长发展的社会环境。本文在已有理论成果和实践经验的基础上，针对河南省具体现状，分析各有关主体的作用和定位，研究高技能人才培养模式的建立途径。

（一）优化学校在高技能人才培养中的基础作用

职业院校人才培养目标是培养服务于各行各业的技能型人才。职业院校毕业生是高技能人才的生力军，因而，应重视并优化职业院校在人才培养上的基础性作用。

1. 加快推进专业建设和教学改革，以契合社会对高技能人才的需求

按照河南省产业发展和人才资源发展的总体规划，调整学科布局、专业设置以及课程体系的开发。围绕河南省煤炭化工、现代装备制造、生物制药、健康服务等支柱产业和信息、物流等新兴产业的发展需求，建立与现代产业体系相适应的人才培养体系，加快制造业、物流业领域高技能人才的培养。

2. 加强师资培训，扩大"双师型"教师规模

职业的教育特色在于"职业性"，因而教师除了应具有扎实的基础理论功底外，还应具备过硬的实践能力，即成为"双师型"教师。校企共建"双师型"教师培训基地，建立轮训制度，重点提升专业课教师的专业实践、教学能力。同时，学校实施教学名师培养资助计划和高技能人才引进计划，以促进专业带头人、技能大师的培养。

3. 推动职业院校校企合作向纵深发展

校企合作主要有现代学徒制、订单式培养、企业新型学徒制、企业参股入股创办技工学校等合作机制。职教集团是校企合作的重要载体。2004—2014年，河南省共组建62个各类职教集团，共吸纳职业院校、企业、行业等2 122所单位参与技能人才培养。在校企合作中，学校探索健全职权清晰、责任明确、联动合

作、多方积极参与的人才培养新机制;以强化学生技能培养为目标,成立学校教育工作者、企业行业专家、用人单位负责人等共同参与的专家库,探索建立人才培养方案和教学方案动态更新机制;探索建立行业、企业等第三方参与的人才培养评价新机制;探索创建"学生→学徒→准员工→员工"四位一体的人才培养模式。

4. 加强学生工匠精神和职业精神培养

工匠精神是工业文化的一种体现,河南省产业转型需要工匠精神的支撑,要积极培育以精业和敬业为核心的工匠精神。为解决当前职业院校疏于考查学生职业精神的问题,学院除了通过思想道德修养等课程加强教育外,还可以通过邀请往届毕业生现身说法、辅导员教育、专任教师课堂中潜移默化、企业文化熏陶等方式培养学生的敬业精神和职业态度。在校内实操实习时,为学生营造类似于企业的实训场地,严格培养学生的职业精神和工匠精神。

(二) 强化企业在高技能人才培养中的主体作用

企业是高技能人才创造价值和服务社会的工作场所,高技能人才的成才标准主要是考查其在企业中优化生产工艺、提升产品质量和工作效率的能力,因而应强化企业在高技能人才培养中的主体作用。

1. 注重发挥激励机制的引导作用

建立良好的激励机制,激发人才的潜能,引导人才队伍发展方向,让高技能人才有施展才能的机会和平台,充分发挥他们在企业中革新工艺、精益标准、提高质量的示范作用和强化他们以身示范、传授技艺的技能传承作用;注重在高技能人才中培养优秀党员、劳动模范等,保障他们的福利待遇,畅通他们的职业发展和晋升路径,为更多人才脱颖而出创造条件。

2. 建立高技能人才岗位技能津贴制度

鼓励企业在制定薪酬制度时向高技能人才倾斜,企业可根据实际情况或参照企业专业技术人才收入分配政策,自行设定高技能人才岗位技能津贴标准和发放方式,解决技能型人才的待遇远远赶不上专业技术型人才的待遇等问题。

3. 推广现代学徒制等形式的校企合作

2015年,河南省确定在郑州宇通客车、河南瑞创等5家企业开展首批企业新型学徒制试点工作。在《河南省职业教育校企合作促进办法(试行)》指导下,学院进一步推广现代学徒制等形式的校企合作，推进校企合作创新、资源整合、优势互补，共同培养适应经济发展、企业需求的高素质技能型人才，探索建立学校与企业联合培养、政府推动与社会支持相结合的校企共赢发展的利益共同体。

（三）确立政府在高技能人才培养中的主导作用

1. 建立高技能人才激励机制

一是加大宣传力度，组织开展职业技能大赛等技能竞赛活动，大力弘扬工匠精神，在全社会营造技能成才的良好氛围。二是结合企业生产，强化业绩考评，抓好技能竞赛，规范考核鉴定，确保评价质量，完善对人才的考核和选拔机制。三是健全岗位使用机制，建立评选表彰制度，完善收入分配激励机制。对身怀绝技、技能精湛的高技能人才给予一定的政策支持，激励他们在岗位上发挥更大的作用，真正做到人尽其用。

2. 建立高技能人才保障机制

一是适时适当提高工资待遇水平，拓宽上升空间，改善发展环境，吸引更多的高技能人才落户。二是在政府引导下，以职业教育为载体，加强校企合作，发挥企业主体地位，指导和协调学校与用人单位以岗位职业能力为导向确定高技能人才培养方向和目标，健全人才培养机制。三是加大对高技能人才成才之路、工匠精神的宣传，从思想上引导、改变社会大众的就业、择业观念，营造全社会重视关心高技能人才成长的社会环境。

3. 完善高技能人才培养投入政策

合理安排人才开发基金和职业教育专项资金，加大对紧缺产业、支柱产业和高新技术产业的高技能人才的培养、竞赛评选、考核鉴定和表彰奖励等方面的经费投入。具体来说，一是改革单一的政府投资模式，创新多元化经费投入机制，大力支持各地企业职工岗位技能提升培训、紧缺型高技能人才培养成果购买。建立根据职业能力培训效果、就业质量、用人单位评价等为绩效指标考核的职业能力培训专项补贴资金使用机制，提高政府购买培训成果的资金使用效能。二是推进国家级高技能人才培训基地、省市各级和校企合作办学生产性实训基地和技能大师（名师）工作室等的建设，打好高技能人才培养的硬件基础。三是合理提高高技能人才培养奖励标准，加大企业职工岗位技能提升晋级奖补力度，促进高技能人才的梯次结构优化。四是实施"雨露计划""蓝领工程"及开展农村青年创业培训、人才海外培训等,服务区域经济发展目标。五是加大力度推动农村外出务工转移劳动力职业技能培训工作。针对河南省是人口大省、农村转移劳动力较多的特点,依托各类技工院校,围绕产业结构优化升级对后备技能人才的需求,针对各地区产业集聚区企业用工需求和特点,对未继续升学的初、高中毕业生,制定合适的培训内容,使其能初步适应岗位需求或取得初级、中级职业技能证书。

(四) 建立多元化的高技能人才评价机制

近年来,河南省在高技能人才评价工作方面取得了巨大的成绩,但由于职业技能评价建设比较晚,存在职业鉴定标准发展滞后、人才评价质量不高、学历教育与职业教育相容度差等问题,各方面亟须不断建设和完善。为适应河南省行业企业技能人才队伍建设发展的多元化需求,培养吸纳高技能人才,可从以下四个方面着手建立多元化的高技能人才评价机制。一是优化社会化职业技能鉴定管理机制,包括严格执行就业准入制度、制定社会化职业技能鉴定标准、实施专项技能考核制度和推动考务管理现代化。二是借鉴广东、江苏等省份的经验,适当推行企业内部高技能人才评价机制。以个人工作业绩为重点,将岗位职业能力需求与国家职业能力考核标准有机结合,让企业经营者、技术专家、企业生产工人及鉴定管理者都参与人才评价。三是推进职业院校技能鉴定工作,在做好在校生考证工作的同时,认真服务好社会。四是各地根据实际情况组织开展各具特色的职业技能竞赛和群众性岗位练兵活动,激发全民技能创新的热情,为高技能人才成长创造优良环境。

(何莉,原文载于《教育与职业》2017 年 4 月下)

编注:在高技能人才培养模式的理论研究成果和实践经验的基础上,针对河南省产业政策和高技能人才培养现状,本研究根据职业院校、企业和政府各有关主体的作用和定位,研究高技能人才培养模式的建立途径,从而为河南省高技能人才培养提供有价值、可操作的思路和对策。

高职院校结构化教师教学创新团队建设路径研究与实践

一、成果简介

(一) 背景及意义

按照《国家职业教育改革实施方案》决策部署,教育部于2019年5月启动了职业院校教师教学创新团队建设工作,并印发《全国职业院校教师教学创新团队建设方案》,为新时代下教学团队建设指明了方向。目前,教育部教师工作司已经组织开展了两批国家级职业教育教师教学创新团队的遴选培育工作,各省市也纷纷作出政策响应。我省于2019年12月正式启动该项工作,并出台省域建设方案,目前已立项建设首批20个、第二批38个职业院校教师教学创新团队,培育了一批专业领军人才,布局形成了适应我省相关行业产业技术技能人才培养需求的专业(群)结构和分层次人才培养协作共同体,深化了我省高等职业教育供给侧改革。

建设教师教学创新团队已成为新时期高职教育改革的基石、提质培优攻坚战的核心,职业院校尤其是高等职业院校,如何打造一支高水平、结构化的教师教学创新团队也成为目前高职院校教学团队建设研究与实践的重中之重。

学院根据教育部、省教育厅相关文件精神,依托学校国家"双高校"高水平专业群建设、河南省"双高计划"建设及"提质培优"行动计划建设,积极组织开展教师教学创新团队的遴选培育工作。在现有教学团队建设基础上,学校调动一切人力、物力、财力全面支持团队建设。本成果以河南职业技术学院为例,力求通过打造高水平、结构化的教师教学创新团队,全面提升人才培养质量,深化新时代职业院校教师队伍建设改革,为高职院校解决"双师型"教师队伍建设难题提供参考和借鉴。

(二) 成果内容

本成果旨在顺应国家职业教育改革发展需求,针对当前高职院校教师教学创新团队建设工作存在的定位不清晰、目标不准确、发展不全面等方面的问题,以顶层设计、组织机构、建设路径和运行机制建立等方面为研究与实践的重点,通过深入分析高职院校教师教学创新团队的"结构化"特征和"创新发展"建设内涵,强调团队建设的结构化、整体性及系统性,研究、探索并实践了一条"选、育、留、用、评"的高职院校教师教学创新团队建设路径,将"分类培养、分层构建、分步考评"的建设思路融入"校级、省级、国家级"三级团队建设体系中,全面提升高职院校教学团队及教师队伍建设发展水平。

成果的实施重点主要包括两方面,一是将国家职业教育改革的新趋势、新技术和新要求融入创新团队建设中,在团队构建时注重体现"结构化"和"创新"方面的要求,进一步发挥人才的团队效应,加快教育教学改革创新,推动教师分工协作实施模块化教学模式,深化"三教"改革,持续提升教师教科研水平、专业建设水平及社会服务能力等。二是将团队产出的教科研创新与技术服务、国家标准及行业标准、职业技能大赛、创新创业大赛等方面的成果等融入人才培养全过程中,尤其体现在课堂教学中,进一步提升教学质量和人才培养水平。最终,通过打造具有示范引领作用的高水平教师教学创新团队,推进"双师型"教师队伍建设,为职业院校建设发展提供强有力的师资支撑。

二、主要解决的问题

近年来,我国高职教育师资的规模、结构和质量均有所提升,已经形成了教研室、基层教学组织、大师工作室等不同形式的教学团队,但伴随着产业结构调整和社会经济升级,在职教发展新要求下,现有教学团队的适应性明显不足,不能全面地解决人才培养的结构性矛盾,不能满足社会和经济高速发展需求,存在突出的内外部问题。

(一) 教学团队建设受内部性因素影响,团队合力难形成

高职院校的教学团队建设受团队目标、成员结构和价值观等内部因素影响,难以形成建设合力。从目标上讲,成员个人发展目标与团队共同目标缺乏内在统一,存在成员各司其职,不主动参与仅被动接受任务或以个人得失选择

性完成任务的情况,导致团队工作成效偏低;从结构上讲,多数团队组建忽略了教师个体的不同个性及特点,仅从学历或职称出发,导致团队角色分配不科学,成员中"双师型"教师占专业教师比例偏低,高级职称教师比例偏低,企业兼职人员缺失等问题,从而使成员能力失衡、团队共建缺乏人才融合基础;从价值观上讲,许多团队缺少凝聚力,成员之间沟通浮于表面,尤其是校企成员之间共同学习研讨提升的机会较少,导致成员之间缺乏共通共融完成团队合作任务的团队精神。

(二)教学团队建设受外部性因素影响,管理机制不健全

高职院校教学团队建设,离不开配套体制机制的保障。目前虽然政策导向明确,但普遍缺乏能具体落地实施的、与教师和团队发展相匹配的建设、管理及评价激励制度。尤其是团队建设评价和激励机制不够健全,比如缺乏对"双师型"教师工作量的评定标准,缺失对企业兼职教师的有效评价;学校和企业之间还没有建立起相互渗透、人才共享的双向交流机制,企业合作积极性不高,缺乏有效参与,大部分的企业因学校课时津贴低或者受工作时间限制,不愿选派高水平人才到学校参与教育教学活动,因而企业兼职教师综合素养不高,教学团队共建参与度不高。

三、解决教学问题的方法

本成果在对兄弟院校互访交流及相关文献的整理的基础上,归纳提炼出高职院校高水平、结构化教师教学创新团队的建设内涵、路径及模式,以破解创新团队建设难题。

(一)明确团队"结构化"特征和"创新发展"建设内涵

与传统的教学团队相比,教师教学创新团队的任务目标更多元、团队发展更全面、规模层次更多样,团队构成和职责分工具备"结构化"和"创新发展"的特征。一方面,从成员组成看,要校企行教师均参与;从年龄角度看,要具备老、中、青各层次教师;从职称角度看,成员的学历、职称、学缘要搭配得当;从职责分工角度看,"理论型""技能型""双师素质"教师比例要合理。另一方面,团队在建设理念模式上要创新,要紧密对接行企转型升级新需求,深入落实国家职业标准和教学标准,重点突出教学改革与创新,深化"三教"改革。团队的开放性也给团队

管理提出了新考验,要配套与团队发展相匹配的新制度政策,创设团队发展的新环境。

(二) 构建"选、育、留、用、评"团队建设路径

借鉴现代人力资源管理的方法,对团队组建、运行、管理的全过程进行研究。围绕如何充分配置人力资源、发挥团队潜能,探索并构建了高职院校结构化教师教学创新团队"选、育、留、用、评"的建设路径(图1),从团队组建、培养方向、配套机制等方面进行了详细设计。

图 1　结构化教学创新团队建设路径

"选",即做好顶层设计,选定合适的培育团队及负责人,明确团队建设标准及要求;"育",即校企共育,形成校企双向交流机制;"留",即配套组织、制度、经费及后勤保障,建立多重留人渠道;"用",即发挥用人机制核心作用,实现人岗匹配,因材适用;"评",即确定测评方案,考核反馈机制,形成质量监控体系。

(三) 探索"四抓手、四打造"团队分层培育建设模式

1. "四抓手",夯实团队建设基础

(1) 把加强师德师风建设,作为筑牢团队建设根基的首要任务。健全师德师风建设长效机制,引导全体教师以德施教、以德育德,形成团队凝聚力和向心力,打造师德高尚的教师队伍。

(2) 把实施教师分类培育,作为构建团队的根本途径。搭建人才分类发展平台,发挥教学名师、技术技能大师等各类人才的引领作用,加强梯队建设,促进团队成员间的传、帮、带。

(3) 把深化产教融合、校企合作,作为团队建设质量提升的主要举措。学校选派教师赴企业实践,企业选派高水平技能人才兼职任教,组建"校企双元结构

教师小组",开展模块化教学。

（4）把强化考核评价和激励机制,作为团队建设的重要保障。发挥学校教师发展中心作用,对教师实行分类考核和评价,明确考核奖惩,建立配套保障机制。

2."四打造",分类培育团队特色

在学校师资队伍"双师＋"建设模式背景下,通过分类培养的方式,遴选培育团队带头人,以教学名师、技能大师、学术技术带头人和创业导师为核心,打造四类不同特色、不同优势的教师教学创新团队(图2)。团队成员将教学技能与实践应用、科技创新与技术服务、创新创业教育等方面的内容融会贯通到课堂教学中,全面提升课堂教学水平。

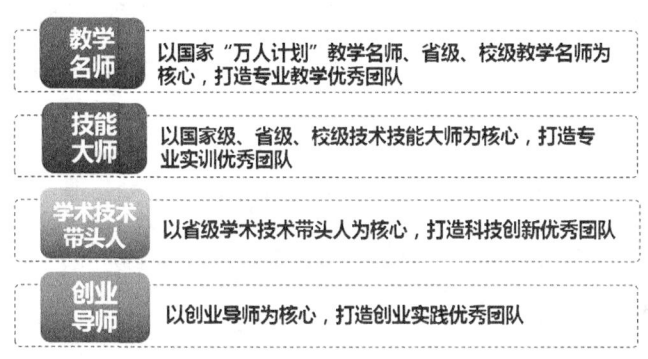

图2　结构化教学创新团队分类培育

四、成果的创新点

（一）创新提出了基于企业人力资源管理理论的教师教学创新团队"选、育、留、用、评"建设路径

将企业人力资源管理理论中的组织管理模式借鉴到职业院校教师教学创新团队建设中。运用现代管理方法,在明确团队总体建设规划及发展目标的基础上,通过对团队带头人及成员的招募选拔,实现对人力资源的合理获取(选人);通过对团队成员的培养培训、校企专兼职教师互融共育,实现人才的开发(育人);通过配套团队运行的绩效及薪酬管理机制,建立多维度人才留用渠道,激励人才保持稳定和活力(留人);通过人岗匹配,团队有效分工,因材适用,协同互

助,发挥人才的最大效用(用人);通过建立团队及成员质量监控体系,评价衡量团队建设成效及成员发展水平,评价其是否适合于现有团队职责分工并及时做出调整(识人),从而发挥人力资源的计划、组织、调控作用,使团队组织结构得到优化,价值功能得以体现,团队和成员协同发展,最终建成高职院校"结构化"教师教学创新团队,推进"双师型"教师队伍高效发展。

(二)创新提出了基于团队分类培养建设机制的教师教学创新团队分工协作模式

对接新时代职业教育发展要求,基于课程及课堂教学在国家职业标准及和专业理论技能、行业企业先进技术、创新创业教育等方面需求,通过在教师教学创新团队内部运行专业教学优秀团队、专业实训优秀团队、科技创新优秀团队、创新创业实践优秀团队等分类培养建设机制,将专业课程最新的理论、技术技能、科技创新及创新创业方面内容融入教学过程中,全面提升教师团队教学设计能力和教学水平,实现目标一致、分工协作。

五、成果的应用效果

本研究自 2019 年实践以来,积累了一系列理论研究成果及经验做法,极大地推动了学院及兄弟院校的创新团队建设。

(一)形成了"校、省、国家"教学创新团队三级建设体系

学院建立了"校、省、国家"教学创新团队三级建设体系,培育校级专业类教师教学创新团队 4 个,校级课程类教师教学创新团队 2 个,构建了科学合理的团队结构。教师教学创新团队涵盖公共课、专业基础课、专业核心课、实习指导教师和企业兼职教师等,团队中"双师型"教师占比超 80%。学院申报并获批了 3 个省级和 1 个国家级职业教育教师教学创新团队。

(二)建立完善了教师教学创新团队建设管理体制机制

建立健全团队管理制度,成立学院教师教学创新团队建设工作领导小组,落实工作责任制,出台《学院教师教学创新团队建设管理办法》,建设指标体系,明确建设要求,确定团队建设工作绩效机制。制定《教师教学创新团队资金管理办法》,规范和加强团队建设经费的使用与管理,确保团队建设资金专款专用。

（三）团队建设实践成效显著，辐射带动教育教学改革发展

各级各类教学创新团队建设硕果累累。其中，教学子团队在近两年的教学能力比赛中获国赛一等奖 1 项、二等奖 2 项、三等奖 1 项，获省赛一等奖 9 项、二等奖 6 项、三等奖 5 项；获批国家级精品在线开放课程 2 门，国家级课程思政示范课程及团队各 1 个，河南省课程思政示范研究中心 1 个；主编教材获河南省教材建设奖特等奖 1 项、一等奖 3 项、二等奖 3 项，全国教材建设奖二等奖 1 项；获批河南省"双师型"名师工作室 1 个；科研子团队获批河南省工程技术研究中心 1 个、校级科技创新团队 6 个，开展省级以上科研项目十余项；实践教学子团队获国家级技能大师工作室 1 个、省级技能大师工作室 2 个，河南省"双师型"教师培养培训基地 1 个，在 2021 年全国职业院校技能大赛中获国赛一等奖 3 项、二等奖 2 项、三等奖 2 项；创新创业教育子团队获"挑战杯"中国大学生创业计划竞赛金奖 1 项、中国"互联网＋"大学生创新创业大赛获金奖 1 项、银奖 1 项和铜奖 4 项。

（四）形成了高质量的研究成果

项目形成了 3 万余字研究报告，全面论述了项目研究与实践的全过程。基于成果的改革与实践，项目组成员发表相关教育教学改革研究核心论文 2 篇，CN 论文 10 篇，其中《高职院校"双师型"教师教学创新团队建设路径研究》论文获评 2021 年度河南省教育科学研究优秀成果二等奖；立项河南省教育科学"十四五"规划课题"基于教师画像的高职院校教师教学创新团队建设研究"子课题 1 项；参与省级以上教学项目 25 项，科研项目 11 项；依托团队组织省级以上社会培训 5 次等。

六、成果的推广应用

本成果成效显著，理论及应用价值丰富，团队积极与省内外优秀高职院校开展交流合作，总结、凝练、转化团队建设成果，并在省内高等职业学校中推广应用，发挥了示范引领作用，对省内兄弟院校申报国家级、省级教师教学创新团队工作有一定的指导意义。研究成果在郑州铁路职业技术学院、河南经贸职业学院等高职院校进行了推广应用，辐射受益师生三千余人，取得了良好的效果。对于兄弟院校各级各类教师教学创新团队，本成果提供了明确的建设思路和建设

路径,帮助他们解决了教师教学创新团队建设中的难点,对其申报国家级、省级教师教学创新团队起到了一定的积极作用。

注:本文为2019年河南省高等教育教学改革研究与实践重点项目研究成果,主持人李小强,该成果获2021年河南省高等教育教学成果奖一等奖。

基于成果导向理念的高职院校专业诊改机制研究与实践

"基于成果导向理念的高职院校专业诊改机制研究与实践"教学改革研究以河南职业技术学院计算机网络技术、数控技术等为试点专业,通过调研人才培养需求、确定人才培养目标、修订毕业要求、拆分能力指标、重构课程体系、绘制课程地图、明晰支撑关系、分配课程权重、设计课堂任务、实施诊断分析,全面改进完善等环节,构建了一套集"导向、保障、监督、反馈、诊断和改进"于一体的成果导向专业诊改机制。项目研究具有重要的教学实践意义,实现了人才培养过程全方位监控和改进,切实提升了人才培养质量。

一、背景与历程

(一)成果背景

教育部、财政部于2019年3月发布的《关于实施中国特色高水平高职学校和专业建设计划的意见》提出,要服务新时代经济高质量发展,为中国产业走向全球产业中高端提供高素质技术技能人才支撑。我国正处于经济发展新常态、供给侧结构性改革的转型发展期,经济增长已进入高质量发展阶段,传统产业已实现转型升级,以人工智能、生命生物、信息技术、高端装备制造、新能源和物联网等为代表的高新技术产业方兴未艾。社会对高素质技术技能人才规模与质量的需求在不断增长。

当前,新兴产业发展急需紧贴市场需求的高素质技术技能人才,高职院校承担着培养此类人才的重任,因此将成果导向理念引入到专业诊改中,提高人才培养与市场需求的契合度,为国家经济社会发展培养高素质技术技能人才,是解决人才紧缺问题的关键。

(二) 发展历程

1. 实践探索阶段(2017—2018 年)

坚持问题导向,从专业诊改的问题出发,确立研究目标,探索专业诊改理念、模式和实施路径,以数控技术、计算机网络技术专业为试点专业,将成果导向理念融入专业诊改中。

2. 成果产出阶段(2018—2019 年)

以《高等职业院校内部质量保证体系诊断与改进指导方案》为准则,持续深化专业诊改机制研究,将成果导向理念融入专业诊改实践,形成了符合诊改规律的"成果导向,分层分级"专业诊改机制。

3. 应用推广阶段(2019 年至今)

2020 年,河南农业职业技术学院、重庆医药高等专科学校和河南建筑职业技术学院等省内外 10 余所高职院校来校交流学习,成果在平顶山工业职业技术学院(国家示范校)、河南工业职业技术学院(国家"双高计划")等省内外 4 所院校得到推广应用,学院多次受邀在高等职业教育全国性会议上进行成果推广交流,产生了较大影响。

二、解决的问题

近年来,随着国家对质量工作的重视,很多高职院校搭建了诊改信息化平台,逐渐在学校、专业、课程、教师和学生五个层面实施了诊改,但如何实施高质量专业诊改,还存在一些突出问题,概括起来,有以下三个方面。

(一) 专业诊改缺乏特色

专业诊改是针对高职院校在当前专业建设中存在的问题进行诊断、改进和自我提升,不同高职院校应该呈现出长处、短板不同的校本化特点,但目前各高职院校的专业诊改结果出现了较高的趋同性,甚至出现了千校一面的状况,究其原因是因为部分高职院校生搬硬套教育部诊改文件实施诊改,没有与院校的发展现状和专业建设实际情况相结合,导致专业诊改缺乏特色。

(二) 专业诊改落实不到位

专业诊改的初衷是通过调研产业、行业、企业人才需求,确定专业人才培养目标,明确毕业要求,架构课程体系,设置课程目标,落实课堂教学,实施过程诊改和结果诊改,因此专业人才培养目标要与用人单位的岗位需求高度契合;毕业要求要紧贴产业、紧贴市场、紧贴岗位,要适应新技术、新模式、新业态的发展;课程目标要支撑专业目标,课堂教学要支撑课程目标,所以专业诊改的最小单元——课堂成为关键。而部分院校在开展专业诊改时,忽略了对课堂的考察,仅仅局限于在系统上填报数据,分析数据存在着一定的随意性,有的院校虽然建立信息化诊改平台,但没有做到将培养目标贯通到专业建设和课程建设和每节课的课堂实施中,导致了专业诊改很难向纵深方向发展。

(三)专业诊改沿袭评估思路

专业诊改不同于专业评估,部分院校将专业评估取代专业诊改。专业评估是根据国家教育部或省级教育主管部门统一制定的标准开展专业达标建设的评价,标准是静态的,只对结果进行评价,无法对过程进行监控改进,不能提供专业后续建设发展动力;而成果导向专业诊改是通过高职院校自我设定目标标准,自我改进提升的质量螺旋上升过程,对结果和过程均进行诊断改进,工作过程是动态的,能不断地为专业建设提供动力和方向。

三、成果内容

根据成果导向教育理念,结合教育部提出的"需求导向、自主保证、多元诊断、重在改进"的诊改工作方针,以信息化平台为支撑,形成独具特色的成果导向专业、课程教学质量诊改机制。

(一)结合要求,逐层递进,明确专业建设等级

结合高素质技术技能人才培养的新要求,完善专业分级分层诊改机制。逐层递进,搭建"四等级七维度"专业建设质量标准体系,专业建设质量标准分为国家级、省级、校级优秀、校级合格4个等级。"七维度"指的是"人才培养模式""课程体系改革""师资队伍建设""实训条件建设""校企合作""科研与社会服务"和"国际交流与合作"7个方面,涉及专业诊断要素57个,对专业建设质量进行全方位监测。专业团队依据建设目标制订工作计划,"线上+线下"融合开展专业建设。诊改系统对照指标点及完成情况智能化生成诊断分析报告,专业根据报告实施改进,实现专业建设质量提升。

(二) 对接产业,精准分析,确定产业人才需求

瞄准中原经济区行业企业发展需求,紧密对接优势产业链、技术创新链,依托产业发展,调整优化专业设置。畅通行业、企业与学校的联系,进行企业走访和专业论证,组织行业、企业对毕业生就业率、月收入、就业现状满意度、工作与专业吻合度、离职率、离职类型、离职原因、校友推荐度、校友满意度、教学满意度等进行问卷调查和访谈,凝练总结试点专业所属产业需求,为产业与人才精准对接,人才引领产业、产业集聚人才的良性循环奠定基础。

(三) 需求导向,产业为要,修订人才培养目标

根据产业人才需求重新梳理人才培养目标,对毕业生职业能力及毕业后3～5年能够达到的职业能力进行分析总结。根据企业岗位需求和教育部、职成司、教育厅及学院相关规定,组织试点专业毕业生、相关企业和专业教师共同分析毕业生就业岗位要求的知识、能力和素质,明确试点专业人才培养规格,制定专业人才培养目标和专业教学标准(图1)。人才培养目标的修订适应当地经济社会发展、符合学院定位,有利益相关群体参加,定期修订,形成机制。

数控技术专业

本专业培养理想信念坚定,德、智、体、美、劳全面发展,具有一定的科学文化水平,良好的人文素养、职业道德和创新意识,精益求精的工匠精神,较强的就业能力和可持续发展的能力;能完成零件多轴加工工艺制定、加工程序编制、能操作多轴数控机床完成零件加工、能检测零件质量,以及对数控机床的维护;面向装备制造、航空航天、汽车制造等领域相关职业群,从事工艺制定、程序编制、数控设备操作、零件检测、机床维护等工作的高端技术技能人才。学生毕业3~5年能够成为企业技术骨干或生产管理人员。

人才类型　专业领域　职业特征　专业能力　非专业能力　职业成就

图1　数控技术专业依据成果导向理念修订的培养目标

(四) 目标引领,分层递进,改造毕业要求

《工程教育认证通用标准》要求专业必须要有明确、公开、可衡量的毕业要求(即学习成果),毕业要求能支撑培养目标达成,制定的毕业要求覆盖知识要点、问题分析和使用现代工具等12项内容。基于以上要求,试点专业在确定人才培

养目标后,有效设计并修订本专业的毕业要求(即学生学习成果),同时尽可能地使学习成果易于理解和考核。将工作领域的职业活动需求转化为学习领域的预期学习成果要求,确保专业教学标准对接岗位职业标准。

(五)依托成果,精细操作,拆分能力指标

毕业要求通过能力指标分解,落实到课程,课程通过与能力指标对应,与毕业要求建立合理的对应关系。针对每个毕业要求的特点和具体内容,将毕业要求进一步细化为能力指标,并且能对其进行评价。毕业要求可按并列关系细分,也可按解决问题的递增关系依次划分为多个指标点。毕业要求指标点属于顶层设计的内容,指的是学生某一方面的能力,也是课程体系建立的可衡量、可评价的依据。

(六)切合指标,重构板块,优化专业课程体系

根据毕业能力指标重构课程体系。能力指标由公共基础课、专业基础课、专业核心课、专业拓展课等不同板块的课程来实现,根据每门课程对能力指标的支撑度绘制课程体系矩阵图,一个能力指标可对应多门课程,一门课程也可以完成多个能力指标(图2)。根据课程对能力指标的支撑度分配公共基础课、专业基础课及专业课的权重。

(七)目标达成,任务分解,实施课堂教学

试点专业教师多次召开专业研讨会,最终明确"专业教学目标—课程教学目标—课堂教学目标"三者之间的协调对应关系,即多个课堂教学任务支撑起课堂教学目标,多个课堂教学目标支撑起课程教学目标,多个课程教学目标支撑起专业教学目标(图3)。专业教师通过在课堂发布与知识、能力、素质目标相契合的工作任务,完成多门课程教学目标。

(八)反向设计,正向实施,凸显诊改成效

学院与技术公司合作开发了专业管理系统、课程教学平台和专业诊改系统等三个信息化诊改平台(图4)。教师按照成果导向理念制订人才培养方案、课程标准,并结构化存储于专业管理系统。教师在课程教学平台建设校级标准课,信息化系统自动实现标准贯通到课堂教学中,教师在课堂上发布任务,发布的任务要与课堂目标相契合,通过系统无感知实时记录课堂教学数据,评价学生知识能力素质等目标的达成情况,实施"8字形"质量改进螺旋的动螺旋(也称小螺

毕业要求
1. 工程知识 能够将数学、机械加工基础知识以及数控技术专业知识，用于解决工艺制定、程序编制、数控设备操作、零件检测、机床维护等工程实际问题。
2. 问题分析 能够在文献查阅和信息综合的基础上，应用机械加工基础知识以及数控技术专业知识，分析并确定在工艺制定、程序编制、数控设备操作、零件检测、机床维护中出现的实际问题。
3. 设计/开发解决方案 根据技术要求制定加工工艺，编写加工程序并能操作多轴机床完成加工，能够在实施过程中考虑到公共健康、安全、文化、社会以及环境等因素。
4. 调查研究 能够查阅文献，根据技术标准，经过工艺制定、程序编制、数控设备操作、零件检测、机床维护等方面的实验和分析，实现方案的优化。
5. 现代工具的使用 应用合适的 CAD/CAM 软件、加工设备、测量仪器、网络资源和信息技术等工具，解决工艺制定、程序编制、虚拟仿真、数控设备操作、零件检测、机床维护中出现的问题。
6. 工程与社会 能够按照技术方案实现机械加工对社会、健康、安全、法律及文化的影响，承担相应的责任。
7. 环境与可持续发展 能够正确理解和合理评价机械加工过程中对环境和社会可持续发展的影响，预防或减少其对环境的破坏和社会的负面影响。
8. 职业规范 树立正确的世界观、人生观、价值观，践行社会主义核心价值观，具有良好的职业道德和职业素养，具有精益求精的工匠精神，具备良好的身心素质和人文素养，遵守机械加工的技术标准，敬业乐群，履行岗位职责。
9. 个人与团队 具有集体意识和团队合作精神，能够在团队中胜任个体、团体成员以及负责人的角色，并能够充分发挥个人特长。
10. 沟通 能够编写机械加工过程中的技术性文档，并能就该领域相关的话题与业界同行和公众进行交流与沟通。
11. 项目管理 了解机械制造生产加工过程中图纸、材料、工艺文件、设备、工具、零件等方面的管理方法。
12. 终身学习 具有良好的学习习惯和自主学习能力，具有探究学习和终身学习的能力。

图 2 课程体系矩阵

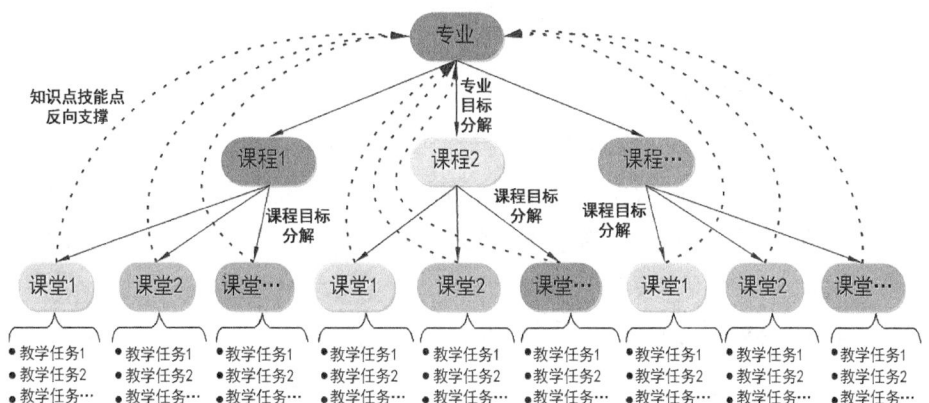

图3 专业、课程、课堂三层嵌套课堂教学

图4 三个系统平台支撑专业课程诊断改进

旋),即课堂评价,任课教师或教学管理者可通过课堂监控大屏了解当日的教学情况。学期末,专业诊改系统将本学期学生的知识点、技能点和素质点的掌握情况对照质量标准进行诊断分析评价,形成诊断分析报告,各专业依据报告实施改进,实现"8字形"质量改进螺旋中的静螺旋(也称大螺旋)。将成果导向理念融入专业诊改中,通过专业诊改系统评价学生专业人才培养目标的达成度、学生素质能力和工程技术人员工作要求的满足度,获得学生对培养目标达成情况的反馈,并根据教学过程对培养目标进行修订,在常态化的教学过程中,不断反馈和评价教学工作效果,找出需要改进的薄弱环节,改进专业教学相关要素和环节,实现教学质量自主提升。

四、项目研究成果总结与推广

(一)构建成果导向专业诊改机制

精准对接、精准育人是职业教育高质量发展的关键所在,借鉴成果导向理念,精准对接岗位职业标准,分类分层精准凝练专业教学目标和标准体系是精准育人的起点。以专业预期学习成果为目标,结合学生发展实际,对专业预期学习成果的目标达成进行过程性诊改和结果性诊改。诊改人才培养目标的适应度、教师和教学资源条件的保障度、诊改运行的有效度及学生和社会用人单位的满意度,聚焦成果导向育人目标的达成,建立相互依存、常态化周期性运行的专业诊改循环。

(二)学院专业诊改工作被誉为全国典型

学院自2018年被省教育厅确定为河南省高等职业院校内部质量保证体系诊断与改进试点院校以来,全面贯彻落实教育部"需求导向、自我保证、多元诊断、重在改进"工作方针,聚焦诊改核心要素,以专业诊改为抓手,构建完善内部质量保证体系。在专业诊改方面,形成了分级分层成果导向专业诊改机制。开发了专业诊改系统,打通信息孤岛;拓宽了数据来源渠道,达成数据无感知采集,数据一站式分析;完善了专业内部质量保证体系,实现了教学质量持续提升。2020年,全国职业院校教学工作诊断与改进专家委员会下发《关于公布职业院校教学工作诊断与改进制度建设优秀案例的通知》(职教诊改〔2020〕11号),学院凝练申报的专业诊改案例《内外兼修、数据护航,不断提升专业课程诊改实效》,从28个省份的475份案例中脱颖而出,成功入选高职院校诊改制度建设优秀案例。

(三)学院专业建设成效显著

1. 专业规模趋于稳定,内部逻辑联系更加紧密

通过项目实践,实施专业分类建设、分类诊改的模式,落实了专业建设规模扩张向内涵建设转变的总体工作思路。引导二级学院适应新常态,主动调整设立适应区域经济、行业产业发展需求的新专业,主动调整淘汰落后产能对应专业,近三年新增专业5个,撤销专业5个,专业总数控制在50个左右。专业群与相关产业链技术链进一步对接、专业群内部组群逻辑联系更加紧密。

2. 培养模式持续创新,专业内涵调整加速

通过项目实践,学院主动适应新一代信息技术革命、新工业革命及制造业与服务业融合发展对人才培养带来的新要求,引导各专业结合区域行业企业发展需求以及专业特点,创新校企协同、工学交替、订单培养、产教一体化、分类培养等人才培养模式,重构专业课程体系,初步形成"产教互融共生"的专业人才培养模式。

3. 专业建设分类推进,品牌特色凸显

学院以品牌特色专业建设为抓手,形成校级、省级和国家级三个层次的专业建设体系和良性竞争局面。组织完成了6个品牌专业、12个特色专业的建设任务,建成5个国家级骨干专业,1个全国职业院校示范专业点;获批1个国家"双高计划"高水平专业群建设项目,1个省级高水平专业群建设项目,4个教育部现代学徒制试点专业。近三年,试点专业国家级技能大赛硕果累累。

注:本文为2019年河南省高等教育教学改革研究与实践重点项目研究成果,主持人王莉娜,该成果获2021年河南省高等教育教学成果奖二等奖。

智能制造类专业"四对接、六合一"人才培养模式创新研究

一、数控技术专业群人才培养模式改革的背景

《中国制造 2025》明确提出了新一代信息技术产业、高档数控机床和机器人等十大重点领域。每个领域都需要大量的高端技能型人才,与传统的高端技能型人才不同的是,他们不仅要有精湛的操作技能,更应具备对智能网络高度的理解与运用能力。

围绕国家战略和区域经济支柱产业发展,河南省出台的《中国制造 2025 河南行动纲要》《河南省推进制造业供给侧结构性改革专项行动方案》和《河南省推进工业智能化改造攻坚方案》等一系列政策措施,旨在积极推动工业化和信息化深度融合、打造先进制造业强省,将重点发展高端装备制造产业,以大力发展轨道交通装备、大型工程机械、煤矿机械及配套系统设备制造业为重点,全面提高重大技术装备研发、核心元器件制造和系统集成的整体水平。因此,基于智能制造,结合中原地区经济发展情况,研究并实践高职智能制造类专业群如何主动促进校企深度融合,如何培养优秀的创新人才,提炼出合适的人才培养模式,具有非常重要的意义。

二、创新形成"四对接、六合一"人才培养模式

学院的数控技术专业群,主要包括数控技术、机电一体化技术、工业机器人技术、焊接技术与自动化、模具设计与制造等专业,对接数控装备制造企业及高端数控设备应用企业,培养数控系统的开发应用、多轴数控设备的使用等方面的高素质技术技能人才。以数控技术专业群为人才培养模式创新改革试点,从"产、教、学、研、创、训"六个维度,探索实训工件与企业产品合一,教师团队双岗

双兼合一,学生与工匠之徒(学徒)合一,科研项目与技术研发合一,专业学习能力与技术创新能力合一,培育培养与培训服务合一的"六合一"运行模式。通过实践,实现专业群与产业链的对接,专业能力与职业能力的对接,教学标准与岗位标准的对接,教学过程与生产过程的对接的"四对接"(图1)。

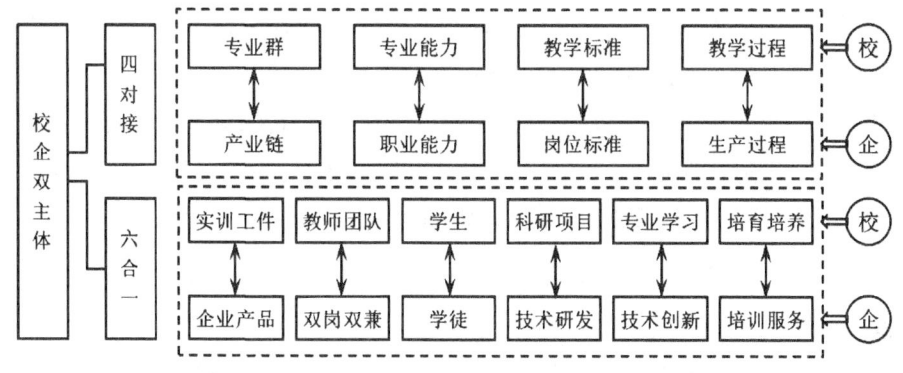

图1 "四对接、六合一"示意图

在校企深度融合的基础上进一步构建命运共同体,创新实践高职智能制造类专业群基于"四对接、六合一"的人才培养模式,初步创新形成既具有高职共性又具有区域特色,科学、优化的智能制造业技术技能型人才培养体系,进一步提升智能制造类专业群的服务发展水平,提升专业群对外交流合作水平,提升信息化在专业群建设中的应用水平,从而提升学院整体办学水平。

三、人才培养模式的内涵建设

(一)人才培养模式改革的目标

健全"德技并修、工学结合"的育人机制,践行"课程思政",全面推进"三全育人",实现思想政治教育与技术技能培养融合统一。落实立德树人根本任务,弘扬职业精神、工匠精神、劳模精神。调研专业群的职业道德内容,得出专业群的职业道德培养具体问题,转化为课程内容,实现"职业道德与职业技能"融合培养。通过实践"六合一"运行方式,加强"四对接"机制构建,完善校企命运共同体的体系建设,创新实践高职数控技术专业群人才培养模式,把产业升级与发展对接高技术技能人才的职业能力、核心素养的要求,通过系统化的教学体系设计,制定专业教学标准、课程标准,培养学生对智能制造技术的运用能力,提高学生分析问题、解决问题的能力。与企业深度融合，为社会智能制造人才提供升级服务。

(二) 人才培养模式改革的措施与成效

1. 探索"四对接、六合一"的校企命运共同体建设路径

第一，面向产业需求深度实施"四对接"。依托产教融合，校企合作，通过广泛开展智能制造业岗位调研，综合分析智能制造业的职业道德、职业行为、职业知识、职业技术、职业能力、职业技能等级证书、职业岗位转换能力等方面的职业岗位需求，在大量的调研工作的基础上进行信息处理、分析，归纳出符合岗位需求的智能制造业技术技能型人才培养的目标、规格和基本素质结构。

第二，探索"产、教、学、研、创、训"六个维度"六合一"校企命运共同体建设路径。建设智能制造学习工厂，构建校企协同创新中心，从六个维度建立举措，探索基于工作任务的教学实践项目选取，教师团队双岗双兼机制建立，现代学徒制的推行，技术研发、专业学习能力与技术创新能力共育，培育培养与社会培训服务能力建设并行的人才培养模式。

第三，创新专创融合教学模式和方法。把创新型人才培养融入育人全过程，提升学生创新思维和创新能力，将双创意识融入教学，强化创新创业课程设计，形成分层次培养模式，开设"创业基础""创新创意思维"等课程，进行创新创业意识教育形成全覆盖。充分发挥"全省创业培训定点机构"的优势，开展选修GYB和SYB等课程培训，提高学生创新创业能力。针对有创新创业项目的师生，举办创业精英训练营活动，初步形成"一体多元分层次"双创教学模式，通过创新创业教学改革实施方案的"一体"，实现课程建设、教学管理、师资队伍建设等"多元"发展，形成"普及教育＋意向教育＋精英教育"的"分层次"教学方式，培养学生创新思维和创新创业能力。

第四，构建专业课程层面内部质量保证体系建设。数控技术专业群建设全面落实"需求导向、自我保证，多元诊断、重在改进"工作方针，聚焦诊改核心要素，进行基于成果导向课程的反向设计，研究"专业目标—课程目标—课堂目标"三者之间的协调对应关系，在专业、课程教学方面，形成了阶梯式四级多维度的专业、课程诊改模式。开发诊改信息化系统功能模块，打通信息孤岛，拓宽数据来源渠道，实现数据无感知采集，一站式分析，实现教学质量持续提升，完善学校内部质量保证体系。

第五,制订数控技术专业群人才培养方案。根据岗位群能力要求,以核心职业能力培养为主线,科学构建"基础共用、模块共享、拓展互选"专业群课程体系。

2. 打造高水平"双师型"教师教学创新团队

构建校企命运共同体关键在于师资队伍的建设。数控技术专业群实施"四项计划",提升教师的"双师"素质和技术技能水平。

第一,实施"引航计划",推动新入职教师成长发展。近年来,专业群优先录用有一定企业工作经历的人员,录用比例达60%以上;对新入职教师在师德师风、教学技巧和专业技能等方面进行岗前培训,通过以老带新、师徒结对等形式,为新教师成长引好航、领好路。

第二,实施"强基计划",打造一支高水平"双师"队伍。首先,强化专业教学能力。组织教师参加专业提升研修和培训,夯实教师专业理论基础;组建专业研究团队,积极参与教材、精品在线开放课程、专业教学资源库建设等,提升教学研究能力;充分利用信息化手段开展专业教学,提升课堂管理水平和教学效果。其次,强化实践操作能力。开展课程开发与应用、技术技能专项训练、教师企业实践项目等专项培训,提升教师的实践教学水平,积极探索适应职业技能培训要求的教师分级培训模式。近三年来,数控技术专业群教师参加河南省职业院校技能大赛教师教学能力比赛获得一等奖3项、二等奖3项;参加全国职业院校技能大赛教师教学能力比赛获得一等奖1项、二等奖1项;指导学生参加全国技能大赛,获国家级一等奖5项、二等奖6项;专业群"校企合作 多措并举 打造高水平'双师型'教师队伍"入选教育部首批高等职业学校"双师型"教师队伍建设典型案例。

第三,实施"鲁班计划",培育一批技术能手和技能大师。专业群教师积极参加企业顶岗实践和技术技能研究,保持技能先进水平;通过校企深度合作,组织企业技能大师交流培训、项目合作研发,培养技术技能强手。校企共同组建"双元结构"教师小组,企业骨干和学校教师共同授课。开展新技术、新技能、新工艺开发与应用,传统技艺传承和技能大赛培训等活动,提升实践操作技能和技术应用能力。通过一系列措施,专业群培育了2位国家级、3名省级技能大师以及12名全国技术能手、省级技术能手。

第四,实施"梧桐计划",院士领军、名师加盟指导,为专业(群)建设选好"领头雁",实现从骨干教师到专业带头人再到专业群领军人才及国匠名师的跨越成长以及高水平教学团队形成。注重教师个人"双师型"素质的提升,与行业企业共同培养高层次"双师型"教师,注意教学团队的"双师"结构建设,引进或培养技术技能水平高超的工匠之师。积极参与教师素质提高计划,分级打造师德高尚、技艺精湛、育人水平高超的教学名师、专业带头人、青年骨干教师等师资队伍。加强专业带头人领军能力培养,为专业群教学创新团队培育首席专家。对接职业教育教学改革需求,培育一批具备相关职业(工种)职业技能等级证书培训能力的教师,把国家职业标准、国家教学标准等纳入教师培训的必修模块。打造高水平教师教学创新团队及其示范引领作用。目前数控技术专业群拥有一支国家级教师教学创新团队,一个国家级课程思政名师团队和一支省级教师教学团队,同时数控技术专业群教师团队也被认定为省级黄大年式教师团队。

3. "育训结合",提升服务区域经济的能力

一是成立河南省数控应用技术工程研究中心、河南省数控技术工程技术研究中心。汇集引进高端的人才、企业的技术团队,通过"双师型"教师队伍建设、校企开发教材、课程资源建设、面向中小企业的科研和技术服务、面向社会的技术技能培训认证四项措施,使校企合作横向技术和项目落地。近三年完成企业技术研发项目32项,为企业新增经济产值5000万元以上,为企业技术培训上万人次。

二是建立产教融合实训基地。与郑州科慧科技有限公司共建焊接工匠工坊,与河南叁迪科技公司共建模具工匠工坊,与格力集团共建集"产、教、学、研、创、训"于一体的装备制造协同创新发展中心,建设一流的企业真实应用的项目化教学场景,为社会培养高素质创新型技术技能人才。

四、人才培养模式推进与实践成果

一是落实"立德树人"根本任务,坚持"德技并修德为先"原则,持续提升人才培养质量。二是通过"四对接、六合一"人才培养模式改革与实践,形成"与经济社会发展同频共振"格局。三是坚持深化产教融合、校企合作,形成"校企命运共同体"运行机制。四是为"制造产业结构的转型升级换代"提供大量高素质技术技能人才作支撑,形成优质蓄水池。

(肖珑,原文载于《中国培训》2021年10月期)

编注：河南职业技术学院数控技术高水平专业群建设主动适应区域经济发展与产业转型升级，努力探索人才培养模式改革创新，从"产、教、学、研、创、训"六个维度，探索建设一流的企业真实应用的项目化教学场景，把企业生产项目转化为教学项目，从而形成教学"项目池"。

河南省应用型高校产教融合动力研究

一、河南省应用型高校产教融合发展的制约因素

随着中原经济的快速发展,河南省正在大力发展重点支柱产业,积极促进河南省产业结构转型升级,产教融合能够充分为其提供应用型人才。

应用型高校深化产教融合是河南省产业优化升级、人才培养以及高等教育分层分类发展的重要方式之一,为应用型高校的发展指出了新的方向。但是目前应用型高校在产教融合发展过程中存在着一些动力不足的现象,应用型高校的发展理念、利益资源与制度建设等因素对产教融合的发展产生了不同程度的制约,在利益资源的分配上不够合理,制度建设不够完善,没有充分考虑到产教融合发展过程中各个层面的需要,在利益分配上的激励作用比较有限。

二、河南省应用型高校产教融合动力研究

应用型高校的产教融合动力与目前高等教育机会市场的供求关系之间具有紧密的联系,应用型本科高校的重要定位之一就是培养具有良好实际操作技能的学生,应用型高校产教融合动力的重要关键点就是基于河南省地区经济的发展需要有条件地促进高等教育市场化。

1. 产教融合的理念

河南省普通本科高校在市场经济的发展条件之下应当积极转型,积极提升学生的应用实际操作技能,与产业的发展相结合,以教育促进河南省的经济发展,正确处理大学与社会的关系,指导学生积极参与社会实践活动,与企业建立合作关系,为学生提供实习机会,提升学生的就业竞争能力,这也是高校教育发展的重要目的。同时产教融合的教育发展理念也是河南省应用型高校

重要的教育内容与教育方法依据之一,从具体的应用层面上促进对学生的教育。

2. 产教融合的益处

应用型高校积极发展产教融合符合各个主体的利益。对政府而言,实现了高校学生就业与带动经济发展的双重目的,促进了高校教育成功转化,符合政府的利益。对企业而言,产教融合模式的推行,加强了企业与高校的联系,企业可以基于自身经济发展的需要为学生的培养提供方向,使得学生在毕业之后可以直接融入企业的发展之中,为企业提供人力支持。从学校层面而言,产教融合模式的执行优化了教学活动,从知识具体的实际运用角度开展教学活动,提升了学生学习的积极性,同时也带动了理论研究成果的转化,在理论研究与教学成果之间建立了良好的联系。对学生而言,产教融合的运用促进了学生将所学的理论知识与具体的运用之间建立联系,通过实习等活动提升了学生的实际动手操作能力,提升了学生的就业率。

3. 产教融合的资源

在河南省应用型高校发展产教融合模式过程中需要一定的资源支持。目前河南省应用型高校在转型发展过程中已经充分认识到了产教融合的重要作用,并为此提供了有效的多种资源支持。首先,从经费上为产教融合的发展提供了财力支持;其次,高校从学科专业上为产教融合的发展提供了理论支撑;再次,从师资力量上为产教融合的发展提供了专业人才指导;最后,从场地设备上为产教融合的发展提供了所需要的场地设施,包括学校的专业理论研究与企业的实习与工作场所。

4. 产教融合的制度

产教融合模式的发展需要有制度上的支持。目前,高校已经加强了对产教融合的制度创新,为产教融合的发展建立了新的科研制度,在高校传统的学科研究制度中加入了具体的应用层面制度。为产教融合模式的发展创新了教学制度、薪酬制度与人事制度,改革了教师薪酬福利待遇,对积极促进学术成果转化的教师进行大胆表彰与经济鼓励。

(何莉,原文载于《河北农机》2019年第4期)

编注：河南省应用型高校的办学模式可以作为职业教育的借鉴，其在发展过程中也应当有效结合中原经济呈现快速发展以及产业不断转型升级的态势，建立有效的产教融合模式，与高校自身的发展优势相结合，依托河南重点支柱产业以及战略新兴产业优势，积极建立河南省应用型高校产教融合的发展模式。

数控加工专业人才的培养现状及对策研究

一、高职教育数控加工人员培养现状

一直以来,高职教育的培养模式总体上服务于劳动密集型产业,培养出的数控加工人员素质水平参差不齐。

一方面,由于师资、设备等原因,目前很多职业院校数控专业的实训教学,仍然以数控车床、数控铣床为主,采用加工中心进行实训教学的院校相对较少,但高新制造类企业的生产多以加工中心为主,学生难以熟练掌握加工中心设备的操作技能,在操作技能上存在不足;另一方面,目前大多数高职院校的制造类专业,往往只重视加工技能的培养,缺少智能化元素课程,学生缺乏对所掌握的加工技能进行智能化应用的能力。随着智能化在机械加工行业中的推进,这类技能单一的操作工人在与机器人的配合和生产管理等过程中,无法独立完成智能化加工单元或者系统的工作,满足不了企业设备智能化升级后对操作技术人才的高水平需求,导致职业院校输出的数控加工人员无法胜任高新技术产业的岗位需求。

二、新形势下数控加工人员培养的对策

(一)调整人才培养方向

根据目前行业的发展趋势,加工制造类企业对数控加工类操作人员的要求逐渐向着"懂工艺、精编程、能维修、会控制"的方向转变。而目前大多数职业院校数控加工相关专业对数控加工人员的培养方向和培养目标,还停留在"懂工艺、精编程"的阶段,这显然已经与行业的快速发展脱节。

因此,高职院校数控加工类专业需要在人才培养方向上更新职业教育观念,

紧随行业变动,依据行业大发展的趋势,及时作出灵活调整,积极增加课程的智能化元素,增设"机器人编程与操作""智能工厂生产管理"类的智能制造相关课程,培养学生的创新思维及智能制造应用能力,提高学生综合素养。

(二) 进行实训教学改革

目前高职院校的实训教学往往深度不足,以数控车床、数控铣床的操作作为实训教学最终环节的情况不在少数,学生缺乏对加工中心设备的学习,学生整体操作水平偏低。

新形势下,职业院校应积极创新发展模式,更新教学设备,整合教学资源,提高设备利用率,搭建综合型实训教学平台,让学生尽可能多地接触先进加工设备,提高操作技能,达到懂工艺、精编程的培养目的。同时增设"机器人操作""智慧工厂生产"等实训课程,将智能制造元素与加工制造过程相结合,保障实训教学层层递进、环环相扣,最终延伸到与智能化企业的真实制造过程接近的生产场景,让学生在不同层次的学习过程中,体会各环节在生产中的作用,尤其在机器人与机床的配合过程中,掌握机器人在加工制造中可以发挥的作用、相关故障的排查、智能制造单元的操作技巧等,在多层次的实训教学中,逐步具备维修和控制能力,最终成长为符合企业需求的懂工艺、精编程、会维修、能控制的高水平加工人员。

(三) 完善校企合作机制

高职教育培养的是复合型技术技能人才,学生在具备应有的理论知识的基础上,更强调具备扎实的实践能力。新形势下,制造业的发展日新月异,对高职院校而言,仅凭一己之力构建出一套能够持续满足行业发展需求的智能化理论及实训课程体系是不现实的。因此,高职院校应深刻树立面向产业需求,对接行业发展的教育理念,与行业前沿企业开展深度校企合作,积极推进现代学徒制。

通过构建"校企共建生产性实训基地",开展"订单班培养"等合作模式,丰富现代学徒制的办学模式。结合不同企业的特点,打造不同层次的校企合作形式。在学生具备了基本的加工能力之后,将一部分实训课程安排在智能化水平较高、专业匹配度好的企业生产现场中。学生利用学校和企业共同提供的学习资源,进一步深入企业真实的生产环境,生产出真实的产品,在企业实践中深化对理论知识的理解和认识。学生真正做到在实践中学习，体会理论基础在生产实践中的作用，掌握扎实的操作技能，形成良好的职业素养，为将来快速适应工作岗位奠定基础。

(杨莉,原文载于《才智》2020年第25期)

编注： 随着"中国制造2025"的不断推进，高职教育数控加工专业在人才培养的过程中，暴露出一些不足。新形势下，高职教育河南职业技术学院从调整人才培养方向、实践教学改革、完善校企合作机制等方面，对数控技术专业机加工操作人才的培养提出有价值的建议。

高职教育产教融合面临的困境与出路

一、产教融合是高职教育发展的必然趋势

目前，高职教育发展模式还存在一些相对薄弱的环节，在面对越来越复杂的社会发展格局和精细化社会分工对人才的多元需求时显得有些力不从心。鉴于此，高职院校和企业携手合作势在必行，只有校企开展实质性深度合作，把学校的教育资源与企业的生产环境充分融合在一起，才能良好地完成人才培养任务。

1. 构建校企合作新模式是提升人才培养质量前提

近年来，高职教育已经从规模扩张逐步转向内涵建设，努力提高人才培养质量成为众多高职院校的核心任务，但由于我国职业教育尚处于边摸索边发展的起步阶段，课堂教学内容与行业企业需求的衔接还不够紧密，特别是实践操作的设施及条件与企业生产车间的真实情况相比明显薄弱，而课程的开发设计在培养学生知识与技能方面针对性不足，致使实操训练缺乏明确的岗位定位，如此培养出来的学生难免会不具备企业岗位核心能力。业内人士普遍认为，高职教育中的产教融合必须进一步加强，校企合作模式要由表及里，要由一线工程技术人员和教师共同构建专业课程和实践课程体系，甚至联合第三方专业评估人员共同设计能体现不同职业岗位核心能力的教学要素。高职院校因自身资源有限，必须借助企业的生产设施和生产环境构建人才培养实践平台，打破学校与企业的界限，把车间变为课堂，使学生与技术工人的身份自由转换，从而建立高职院校与企业携手培养应用型人才的新型校企合作模式。

2. 构建校企合作新模式有助于企业转型升级

众所周知，目前很多企业招工与各类学生就业之间存在着错位，一方面很多毕业生抱怨找不到合适的工作，另一方面又有不少企业因招不到合适的人才出现"高级技工荒"。由于高级技工的短缺使企业的正常运转及转型升级都受到明

显制约。"高级技工荒"现象的出现意味着高职院校的人才培养质量尚有很大提升空间,说明其毕业生职业胜任力不高,很难达到企业对高层次岗位能力的需求。其实,在企业里办学校、在学校中办企业的新型校企合作模式,不但对提高学生的实践动手能力有益,而且对企业的员工培养与培训也有好处。如今,企业竞争环境日趋复杂,深层次的校企合作相当于使企业获得一个超级强大的技术研发部,可明显提升技术升级和成果转化的速度。有了实习学生的加盟自然能够降低企业的生产成本,且其中一部分学生很可能在未来成为企业的员工,企业不但节省了新员工的培训费和培训时间,缩短了员工与企业的磨合期,而且学生的加盟提高了企业的创新意识和科技实力,为企业转型升级增添动力。

二、高职教育产教融合面临的困境

1. 教育与产业良性互动格局尚未根本确立

教育与产业原本是两个独立运行的体系,近年来二者虽然开始合作互补,但人才培养惯性和产业需求仍然存在着"两张皮"问题。产教融合对于教育和企业的益处双方都比较清楚,之所以仍然停留在表层,缺少深层次合作,主要原因是双方缺乏合作经验,关注己方利益多于对方,而且对预期利益信心不足,其根源则是现行体制无处不在的约束。

2. 区域教育资源与产业布局缺乏统筹

改革开放 40 年来,高职教育从无到有快速发展,区域内的企业虽然总体上保持稳定,但是对于具体企业来说更新淘汰非常明显,致使高职教育与企业的联系呈现点状间断性模式,区域内教育资源的规划布局与企业有呼应但不紧密,高职院校的人才培养定位与产业发展需求有结合但契合度不足,致使一般的毕业生就业压力巨大,而企业急需的高技能人才又供不应求。面对人才供需的结构性矛盾,高职院校应该承担起更多的责任。

3. 校企合作中存在冷热不均现象

站在学校角度看待校企合作,普遍感到存在"学校热、企业冷"的现象,很多合作都是学校甚至是授课教师主动通过与企业内部的熟人或者朋友构建合作平台,这些自发式松散型的合作模式难免处于浅层次和低水平状态。企业对校企合作的积极性不高是由多种原因形成的,刚刚参与生产实践的学生毕竟是新手,需要老师傅传、帮、带,短期内可能会影响生产效率,增加成本,对产品质量也会有不利影响。即便从培养企业所需人才的角度看,学校构建的课程体系通常也不是为某家企业量身定制的,企业也不可能全程参与培养过程,教学内容与职业标准多少会有脱节,真正为企业急需特需的人才培养模式难以形成,所以企业的表现会比学校"冷"一些。

4. 校企合作的政策保障尚未到位

时至今日,政、产、学、研、用各方面都已认识到校企合作产教融合的重要性,国家和地方政府也陆续出台了一些扶持政策,但是校企合作毕竟是一个新事物,很多工作还需要在摸索中前进,所以在探索中遇到一些新问题缺乏相关政策依据并不奇怪。作为一线教师希望有更加具体的政策来促进产教融合,使校企合作的整体性和系统性更加完备,有效激励企业和社会各界与学校携手推进人才培养方式的改革。

三、产教融合趋势下的校企合作发展思路

结合"中国制造2025"的战略需求,众多企业对一线技术工人的业务素质要求不断提高,高职教育由此也面临严峻的挑战和发展机遇。以汽车领域为例,快速发展的国产汽车行业与国际一流企业的差距正在缩小,对高级技能型人才的需求量非常庞大,高职教育汽车专业的校企合作,需要在体制、组织、文化、功能等多个维度开展深度合作,有效推进高职教育校企合作的发展。

1. 树立大局意识,产教统筹兼顾

树立全国一盘棋的大局意识,统筹协调高职教育与区域经济社会发展的重点产业布局,依据国家发展战略总体规划,引导高职教育科学布局,使教育资源逐步向人口集聚区和产业集聚区集中。对于特定区域来说,要根据现有支柱产业及未来发展方向,结合已有教育资源进行整合,使教育资源最大限度为区域产业发展和城市建设服务。尤其要明确产教融合发展要求,将产教融合作为推动地方经济社会发展的有力举措,形成政府、企业、学校、行业和社会共同推进的人才培养新格局。

2. 构建合作平台,校企互利互惠

只有实现双赢才能真正推动校企合作发展。地方政府有义务为校企合作搭建平台并制定相应规则,企业与高等学校要创新思维,本着合作共赢思路主动购买服务为对方打开获益空间,经过多方共同努力必然可以找到产教融合的契合点,形成稳定的互利互惠合作机制。同时以市场需求为导向、提供精准服务和运作规范的产教融合服务组织也会适时出现。在这个过程中,政府部门要加强引

导,鼓励企业制订深化校企合作工作计划,依托各种平台汇聚区域和行业人才供求、项目研发及技术服务等信息。此外,鼓励社会第三方机构开展产教融合相关评价,建立健全校企合作的评价体系。

3. 校企协同育人,生徒双重身份

高职教育的人才培养模式改革离不开产教融合,因此无论从政府角度还是从学校角度分析,都有必要最大限度调动企业参与校企合作的主动性和积极性,创造有利的政策环境,积极构建校企合作的长效机制。高职教育要将在校生的学习过程与工作过程合二为一,尤其是对于技术性或实践性较强的专业,有必要推行现代学徒制和企业新型学徒制,使学校招生与企业招工无缝对接,在事实上形成育人方面的校企"双重主体"和学生学徒"双重身份",从而实现产教协同育人的目的。鉴于此,实践类课时应不少于总课时的一半。

4. 合作以企业为主,化解融合瓶颈

根据校企合作已有经验,构建产教融合体系的关键是破解企业积极性不高的问题,因此要想方设法调动企业参与产教融合的积极性和主动性,其前提是要明确企业在合作中的主体作用,要站在企业的角度构建合作关系,只有这样才能提高企业参与人才培养的自觉性,才能逐步形成校企合作的长效机制。

强化企业的主体作用,就是要提高企业参与办学定位、教学改革、生产实习实训、科技成果转化和职工培训等各环节的话语权。将职业教育方面的政策扩展到本科高校,如鼓励企业依托或联合职业学校、高等学校设立产业学院和企业工作室、实验室、创新基地、实践基地;鼓励以引企驻校、引校进企、校企一体等方式,吸引优势企业与学校共建共享生产性实训基地,这样就为地方本科高校在转型过程中开展校企合作提供了明确的政策依据,可有效消除转型院校在校企合作中无规可依、顾虑重重的问题。

(卢利平,原文载于《科技创新与生产力》2018年9月期)

编注:社会各界都已经认识到职业教育产教融合的重要性,但是实际操作过程中一直存在着企业积极性不高、参与程度不深、"一头热""两张皮"等问题,高职院校在推动产教融合的过程中也面临困境及制约,本文的研究提出了产教融合趋势下校企合作的发展新思路。

论高等职业院校的科研职能定位

——以区域技术创新体系为视角

高等职业院校作为我国实施高等教育的机构之一，应当担负起相应的教学职能、科研职能和社会服务职能。需要指出，高等职业院校从诞生的时候起，就以高素质技术技能型人才培养为己任，全力承担了教学职能。在高等教育从社会边缘走向中心地带以后，高等职业院校不能关门办学，应发挥自己的优势，开展面向社区的技能培训和技术服务等，承担力所能及的社会服务职能。但是在高等教育机构的三项传统职能中，高等职业院校的科技职能未能充分履行。

当前，我国实施建设创新型国家战略，提出走新型工业化、信息化和城镇化的"三化"协调发展之路，对高等职业教育既有机遇，也有挑战。因此，笔者在本文中，以区域技术创新体系为视角，探讨高等职业院校的科研职能定位，助力高等职业院校在做好人才培养工作的基础上，立足于为区域技术创新服务，进行正确的科研职能定位，发挥在区域创新体系中的重要作用。

一、定位：区域技术创新体系

区域技术创新体系是处在国家技术创新体系和各创新机构之间，由区域内从事技术研发的相关机构，如企业、高校（包括高等职业院校）、科研机构和地方政府等组成。区域技术创新体系通过合作，形成集群优势，提高区域产业技术水平，促进区域发展。在区域技术创新体系中，各种相关的技术创新主体对照体系的整体目标协同行动，使体系的目标和效益实现最大化。在区域技术创新体系中，高等职业院校作为围绕体系的整体目标而独立运行的社会组织，属于体系中的一个功能子系统，区域技术创新体系则构成了高等职业院校开展活动所赖以存在的外部环境。

作为构成区域技术创新体系的子系统，根据结构功能主义理论的要求，要履行所承担的自身的科研职能,围绕体系目标所赋予的任务而开展服务,高等职业院校应当承担适应、达鹄、整合和维模四种系统功能。第一,高等职业院校履行科研职能,必须通过区域技术创新体系获取履行职能所需的各种资源,以保证实现对体系的适应的功能;第二,高等职业院校要结合区域技术创新体系的整体目标,结合自身条件和所获取的资源确定自身的科研目标并据此合理调度资源,来保证实现对体系的达鹄的功能;第三,高等职业院校必须和区域技术创新体系中的其他技术创新主体的科研职能和科研活动分工合作,错位落实,这就是实现对体系的整合的功能;第四,高等职业院校应根据体系的要求和自身条件,建立健全履行科研职能所需要的体制机制,明确自身在区域技术创新体系中的清晰定位,发挥自身的科研优势,发展成为区域科技创新的技术源泉,这就是实现对体系的维模的功能。

二、应用:服务区域技术创新

在区域技术创新体系中,高等职业院校应围绕整个区域技术创新体系的大目标,加大力度充分履行自身的科研职能,组织和支持开展以技术创新为重点的科研活动,发挥在区域技术创新体系中的作用,提升区域产业技术水平。高等职业院校开展科研活动,将对高等职业院校加强内涵建设,提升办学实力发挥重要作用,具体表现在以下两个方面:一方面,通过组织开展专业技术创新,能够带动提高校内专业发育层次和课程建设水平;另一方面,教师通过开展科研活动,承接或者参与纵向或者横向的技术研究项目,注意搜集、关注和研究技术发展动态,能够与课程内容结合组织教学,把最新的知识、技能或者工艺传授给学生,从而提升人才培养的质量和水平。

在区域技术创新体系中,高等职业院校履行科研职能,开展科研活动,必须承担对体系的适应功能。所谓适应功能,是指作为一个社会系统必须从所在的环境中获得为了维持自身存在和发展所能够支配的资源,具体说,包括这个社会系统对所在环境所受到的限制和压力的适应,以及这个社会系统对环境的能动作用,使这个社会系统实现自身的生存和发展。高等职业院校多数建校历史短,科研基础薄弱,经费投入不足,难以进行基础研究和大项目研究,应当发挥高等职业院校的"双师"结构和"双师"素质的专兼职师资队伍以及数量充足、技术先进的实训教学场地、设备等特有的优势,依托优势品牌专业凝聚相关核心技术的开发研究力量。从校级科研经费预算中划出一定比例，单独列成科研专项经费进行重点支持。在项目申报、评估和结项等科研管理政策上加大扶持力度，支持教师个体或者团队与区域内的相关行业企业开展密切的技术合作，加强对行业企业需要的应用技术的研究开发，或者参与到相关行业的关键技术攻关项目中，培育和形成高等职业院校的科研特色与亮点。十余年来，国家出台多项政策，高等职业院校实现了跨越式发展，积累了一定的基础：高等职业院校达到每个中心城市至少一所，占全国高校的一半以上；高等职业院校教师承担多个专业和课程的教研，组建学科专业分工协作型的科研团队，做到多学科领域的交叉互补和碰撞集成，便于促进理论与实践紧密结合，实现技术创新；高等职业院校校内生产性实训基地具有真实的企业环境，校外顶岗实习基地设备齐全，可为院校科研提供物质条件。

在区域技术创新体系中，高等职业院校履行科研职能，开展科研活动，必须承担对体系的达鹄功能。所谓达鹄功能，又称为目标实现功能，是指作为一个社会系统，必须明确树立系统的目标，细分目标的轻重缓急，选择和确定达到系统目标的最佳手段组合，调动各种资源实现社会系统的目标。达鹄功能作为一种实现系统目标的功能，可以分解为确立系统的目标，以及组织系统的成员为实现系统目标而分工协作开展各种实践活动。高等职业院校根据区域技术创新体系建设的整体要求履行科研职能，必须进行正确的定位。贺贤土提出"高职院校除了培养人才以外，有责任面向地方中小企业和现代农业发展，通过研究，帮助中小企业解决他们技术改造和技术革新中的大量技术问题，帮助农业企业和农民解决生产过程中的技术问题，提高产品的技术附加值和农业科技水平"。高等职业院校必须树立地方意识，一方面发挥教学职能，培养高技能人才，开展职业培训；另一方面结合区域的产业技术现状制定科技政策，整合校内外科研资源，与企业合作进行技术研发，力争发展为区域技术创新的一支重要力量，推进区域技术创新。

高等职业院校作为区域技术创新体系的子系统，应当通过发挥对体系的整合功能，与其他的区域内的子系统联系起来，使各个子系统之间的功能实现整体协调，各子系统的力量发挥达到最大化，达到有效的合作。所谓整合功能，是指一个社会系统所具有的内部各部分之间相互发生联系并协调行动，目标取向一致的能力，体现了社会系统内部的密切联系。结构功能主义理论认为，社会系统各部分功能通过统整才能发挥系统的整体功用。因为办学基础和科研条件不同,高等职业院校的科研职能应与其他普通高校、科研机构以及企业有所不同。普通高校、科研院所大多围绕学校的学术型、理论型人才的培养活动而组织开展科研,特别是我国的"985 工程"大学、"211 工程"大学等重点大学作为我国建设创新型国家的重要力量,主要以开展基础性科研活动为主。企业的科研活动大多面向企业自身需求,组织进行纯应用的技术开发研究,目的是解决生产当中的工程或技术实际问题,使技术成果实现商业化。但是当前企业自主开发能力较弱,远未成为技术进步的主体。高等职业院校履行科研职能,开展科研活动,应了解各个专业建立的校外实习基地企业的技术难题,校企双方合作进行技术研发,或者为企业提供技术咨询服务。高等职业院校的科研职能主要是为区域内的行业企业服务,具有鲜明的区域性,其作为区域技术创新体系内的潜在的或者显在的技术创新主体,必将成为重要的技术创新源。

三、保障:体制机制建设

在区域技术创新体系中,高等职业院校履行科研职能,开展科研活动,必须承担对体系的维模功能,以使高等职业院校的科研职能得以保持和扩展。所谓维模功能,是指一个社会系统根据既定的规范与原则,维持系统的行动秩序,使系统的活动保持连续的功能。社会系统按照一定的规范和原则,使系统的运行形成固有的完整模式,如果系统的成员进入了原有规范和原则发生作用的范围,系统就开始重新运行,不会因为运行间歇而中断。高等职业院校要强化与区域企业的合作,实现技术创新,必须参与区域技术创新体系建设,形成长效机制,使高等职业院校承担维模功能。

建立部门是高等职业院校融入区域技术创新体系的前提。高等职业院校要整合科研力量,依托组织机构,支持技术开发研究。我国高等职业院校大多在校内行政系统设置科研处(或者科技开发处),主要负责组织和管理开展科研工作。当然,由于对高等职业院校开展科研活动,履行科研职能的意义的认识不同,也有高等职业院校将科研管理职能机构附设于教务处或其他部门之下,并没有将其作为学校直属的行政系统职能机构。由于认识差异和机构形式各不相同,所安排的相关工作人员大多缺乏相关产业知识背景以及相应的科研管理专业知识,对国家和区域的科技政策缺乏了解,只满足于应付日常工作,难以适应加强科研职能的需要。高等职业院校应要求科研处承担技术研发促进职能,负责与企业联系、组织成果与专利技术评估与申报、提供科技开发服务等,为院校机构或教师个体提供信息。

完善机制是高等职业院校融入区域技术创新体系的路径。高等职业院校结合校内实训基地的生产化状况和成果的商业化程度,采取培育孵化校办企业、技术转移等方式参与区域技术创新体系。当前,高等职业院校融入区域技术创新体系主要采取技术转移的方式。高等职业院校将技术成果有偿转移转化,包括培训、咨询服务,合作开发项目,涉及成果的创意、中试和生产等环节。科研基础较强的高等职业院校融入区域技术创新体系可采取孵化校办企业的方式。当高等职业院校科研具备相当的实力后,可入驻大学科技园参与区域技术创新。

建立规则是高等职业院校参与区域技术创新体系的"软件"。着眼于强化高等职业院校技术创新能力,高等职业院校可在课题方面,向技术创新课题重点倾斜;在组织方面,支持技术创新团队组建和激励;在评价方面,加大技术创新成果奖励力度等,构建融入区域技术创新体系的制度环境。

(王黎明,原文载于《中国成人教育》2014年第14期)

编注:当前高等职业院校应当以区域技术创新体系为视角,进行正确的科研职能定位。高等职业院校的科研职能定位应立足区域技术创新体系,开展技术研发,促进区域技术创新,提升对区域技术进步的贡献,促进高等职业院校发展。根据结构功能主义理论的要求,高等职业院校履行科研职能,必须履行适应、达鹄、整合和维模功能。高等职业院校要履行科研职能,必须加强体制机制建设,形成长效机制,持续推动区域技术创新。

德育时机的客观性分析与主观性把握

一、德育时机的客观性分析

德育时机是一种客观存在的教育现象和教育契机,它与个体的身心发展规律、德育需要及外部德育环境等密切相关。因此,应当从事物运动规律、个体身心发展规律、认知发展规律等方面对德育时机进行客观性分析。

1. 德育时机是由事物运动规律决定的

唯物辩证法认为,物质是普遍联系和永恒发展的,时间和空间是物质的存在方式,任何事物都是在时间和空间中发展变化的。这就意味着任何事物都具有客观性、动态性、历史性等特征。学者金哲说过,对某些因素进行组合后,往往能够在特定时间内创造出最佳的效果,这段特定时间就是事物发展的最佳时机。同样,在德育活动中,影响德育效果的因素往往以不均衡、非连续的状态分布,当某些有利于改善德育效果的时机呈正态分布时,就会形成德育时机。比如,人的身心发展具有阶段性、不均衡性等特点,教育者个人因素与外部德育环境相互融合后,往往会呈现出不连续、不均衡的发展状态,从而产生影响受教育者身心发展和道德成长的"关键期"——德育时机。

2. 德育时机是由个体德育需要决定的

实现有机体内部平衡是人的本能,当"有机体内部产生缺乏或不平衡状态"时,人就会产生某种"匮乏感"并对客观条件产生依赖,进而形成物质需要、社会需要、道德需要等。马克思认为,需要是人之为人的"天然的必然性",任何人都在为自己的需要以及为了这种需要的器官而做事,否则他将什么也不能做。同时,马克思还认为,人的需要具有无限性、广泛性、多元性等特征,人类通过实践活动满足自身需要,并不断创造着新的需要。德育活动是一种以改造人、发展人、培养人为目的的教育实践活动,它与受教育者的道德需要密不可分。当受教育者产生了道德需要后,就会自觉地接受道德原则,学习道德规范,参与道德实践。同时,由于受教育者的道德需要是连续的,当一种道德需要获得满足后,就会产生新的道德需要。可见,德育需要是德育时机产生的内在原因,它推动着受教育者道德成长。

3. 德育时机是由心理认知规律决定的

行为心理学家约翰·沃森认为,可以将人类的复杂行为分解为刺激、反应两部分,反应总是伴随着刺激而产生。在德育活动中,外部环境会以声音、图像、动作等形式作用于受教育者的听觉、视觉、思想、情感等,使受教育者产生形式多样的心理活动,如道德情感、道德意志、道德兴趣、道德动机等。在受教育者的心理活动中,情绪、动机、兴趣等非理性因素会强化道德体验,放大道德需要,使受教育者产生强烈的德育内驱力。当这种德育内驱力突破"阈值"时,它就会以语言、行为、情绪、态度等形式表现出来,从而形成德育时机。

二、德育时机的主观性把握

德育时机不仅与个体的道德需要和外在德育环境等密切相关,还与德育目标、德育主体的德育素质等因素紧密相联。因此,应当从德育目标、德育主体、德育对象等方面对德育时机进行主观性分析,以更好地把握和利用德育时机。

1. 德育目标是把握德育时机的基本前提

德育活动是以特定的德育目标为出发点,以具体的德育内容、德育方法、德育环境等为载体的教育实践活动。其中,德育目标是教育者分析和把握德育时机的基本前提,是其何时利用德育时机开展德育活动的判断标准。马克思说过,选择是人类所特有的能力与活动,是主体根据自身需要和各种条件做出的最大限度地满足自身需要的活动。在德育活动中,教育者要结合受教育者的道德需要、道德素质等选择恰当的德育方法,适时开展德育活动,并根据德育标准判断受教育者的情绪、态度、行为等,以正确判断各种偶发事件能否成为德育时机。

2. 德育主体是把握德育时机的内在根据

德育时机的主体性把握与教育者的认知水平、时机意识、教学经验等密切相关。"物质世界并没有机会这种东西,但是由于人类认识的局限性,使我们只能理解某些信息或事物,并将之看成机会。"可见,教育者对德育时机的把握是一种主观选择,即"主体对客观事物的诸多联系的认知和把握"。这种选择更多依赖教育者的知识经验、观察能力、认知水平、生活阅历等因素。面对同样的德育情境,不同教育者有不同的态度、判断和选择,对于同一德育时机,不同教育者也会有不同的理解和把握。

3. 德育对象是把握德育时机的外在因素

德育时机的主观性把握并不完全取决于教育者的德育素质、道德认知等,还与受教育者的兴趣爱好、道德动机、道德冲突、道德需要、道德认识等因素密切相关。不同受教育者有着不同的年龄、性格、兴趣、特长、生活阅历、知识基础等,这些因素直接影响受教育者对道德知识、道德规范的接受和理解,影响受教育者的德育需要、道德内化、道德成长等。比如,受教育者的主体选择会受到个体身心发展规律的制约,受个体认知水平、道德素质、个性特征、意志水平等客观条件制约,呈现出阶段性、不均衡性、连续性特点,这就需要根据受教育者的客观条件及身心发展规律确定其"最近发展区",进而确定道德教育的"最佳时期"。

三、德育时机的有效运用

德育时机是开展德育活动、提高德育效果的重要因素,准确把握德育时机对受教育者的道德成长具有重要意义。因此,在德育活动中,应通过受教育者的情绪、神态、言语、行为及道德情境、偶发事件等把握和创造德育时机,以更好地实现德育目标。

1. 准确把握德育时机

德育时机是在受教育者的德育需要及外部德育环境等因素共同作用下生成的,具有隐蔽性强、转瞬即逝等特点。比如,在受教育者的德育需要不太明显时,德育时机也不明显,并不会表现在受教育者的情绪、言语或行为上,这无疑会增加教育者捕捉德育时机的难度。因此,在德育活动中,教育者不仅要根据德育目标判断德育时机是否有价值,还应当运用情绪意志、兴趣、知识经验等巧妙利用德育时机。在处理偶然事件时,教育者应当用合理的方法捕捉德育时机,以坚定的意志和冷静的态度掌控偶然事件的发展走向,以更好地实现道德教育的价值目标。

在德育活动中,德育时机最初多以模糊不清、隐而不显的状态呈现,这时,教育者应当善于发现和跟踪德育时机,并以"冷处理"的方式捕捉和利用德育时机。比如,当两个学生产生矛盾冲突时,教师应当学会暂时搁置问题,让双方都静下心来思考整个事件的前因后果，从而以客观冷静的态度判断自身是非对错。当学生情绪稳定并对整个事件有了清醒的认识时，教师再"动之以情，晓之以理"，引导学生形成正确的道德认识。此外，有些德育时机转瞬即逝，教师应趁热打铁，对受教育者的兴趣爱好、道德动机、积极表现等予以充分肯定和鼓励，增强受教育者努力进取、积极向上的决心。而对受教育者错误的、恶劣的、后果严重的行为，应当予以制止、批评和惩罚，阻止事态的进一步恶化，使受教育者能够形成正确的道德认知和行为习惯。

2. 巧妙利用德育时机

不仅受教育者的心理结构、个性特征、个体年龄、知识基础、兴趣爱好、性格气质等影响着德育时机的利用，学校环境、德育设施、德育方法等也会影响德育时机的有效把握。因此，教育者应当根据德育时机的性质、特点、价值等选择合适的德育方法，以实现德育时机的有效利用。比如，当受教育者在认知、情感、行为等方面产生道德冲突时，教育者可通过诱导、启发等方式开展德育活动，使受教育者产生正确的道德认知和道德观念。教育者应善于发现受教育者身上的"闪光点"，分析"闪光点"后的道德需要、道德动机、道德价值等，通过表扬、肯定、激励等方式强化受教育者的正向反馈，使受教育者向正确的德育目标迈进。

在德育活动中，应当充分发挥先进人物、道德模范的榜样示范作用，将抽象的道德规范、晦涩的道德原则等转化为具体的道德事例，以提高道德教育的说服力和感染力。同时，应通过情感沟通、思想交流等，丰富学生的道德体验和情感价值，促进教师与学生的情感共鸣，以改变学生的道德认识和道德体验。学者塞缪尔·斯迈尔斯说过，环境对人的成长发育具有重要意义，它直接影响着人的性格和品质。因此，在德育活动中，应当为受教育者营造良好的德育环境，通过德育情境影响受教育者的思想情感和道德心理，潜移默化培养其道德需要。

德育时机不仅具有客观性、确定性、必然性，还具有较强的主观性、偶然性、或然性。因此，在德育活动中，教育者应当充分认识德育时机的形成规律、影响因素、主要特征等，巧妙利用德育时机开展德育活动，以更好地实现德育目标。

(杨德霖，原文载于《中学政治教学参考》2017年第10期)

编注：在职业教育教学工作开展中，教师需对德育时机进行合理把握，保证德育的最佳教育效果。德育时机不仅与受教育者的道德需要、兴趣爱好、认知水平及外在的德育环境、社会交往、偶然事件等密切相关，还与德育目标、教育者的德育素质等紧密相联。基于此，在德育活动中，应对德育时机进行客观性分析和主观性把握，恰当利用德育时机开展活动，以提高道德教育的有效性，增加人性化的教学模式创新，这样才能在学生反思自身行为的德育引导中，走上教育兴国的必经之路。

继续教育 App 应用: 进展、问题和改进

一、继续教育 App 应用进展

1. 国家政策强力推进,教育信息化改革日益深化

在以信息化促进教育技术化的变革过程中,国家日益重视信息化的推广、普及和运用问题。国务院 2017 年颁发的《关于印发新一代人工智能发展规划的通知》提出"智能教育"概念,强调构建智能学习的新型教育体系,开发在线学习教育平台,向学习者提供精准推送的教育服务。教育部 2012 年印发的《教育信息化十年发展规划(2010—2020 年)》、2016 年印发的《教育信息化"十三五"规划》、2018 年印发的《教育信息化 2.0 行动计划》等文件强调信息化在教育教学和管理中的价值和应用,要求促进教育教学和移动技术的深度融合,促进传统教育教学改革。教育、教学和管理的信息化已经成为成人院校和教师面对的重要课题。

2. 学者积极关注,研究成果逐渐增多

碎片化学习和移动学习的紧密融合使 App 学习成为普通成人的普遍选择。App 教学当前处于兴起期,学者对它的关注也是最近几年才开始增多,对其研究还处于初步发展阶段。目前 App 教学的研究主要集中于理论建构、实践总结和效果检验等方面。一些学者探讨了 App 教学的特点、功能、优势和缺点,理论上建构了 App 教学的模式体系;一些学者调研了 App 教学现状和学习现状,讨论了加强硬件条件和软件条件建设的举措;一些学者尝试通过实验研究方法检验 App 教学模式的有效性,探讨了 App 教学质量问题。

3. 成人院校开始重视,推广力度逐步加大

随着网络技术的发展和智能手机的普及,App 教学已经引起许多成人院校的关注和重视,正逐步将其应用于学历继续教育、非学历教育、岗位培训和职业技能培训等方面。许多成人院校开始加大 App 教学资源的开发、强化 App 辅助

教学、完善 App 信息化教学管理,以及时、便捷、灵活的 App 教学模式拓展生源市场、提高教学质量和缓解学员工学矛盾。一些成人院校或联合其他成人院校、或联合网络教育技术企业等,共同组建或行业性、或地方性、或共同体的 App 教学平台,完善课程学习、作业练习、模拟考试、远程考试、教务管理、课程互认和学分积累等功能。

4. 应用效果良好,学员反响强烈

相比于传统的面授教学和网络教学,成人学员对 App 教学普及的呼声更高,反响更为强烈。作为互联网时代实现移动与泛在学习的一种新型学习模式,App 教学尤其适合成人学员非正式学习认知与发展需求。成人学员由于工作、学习、生活和社交的需要,上网成为日常行为,移动学习成为成人学员学习的新风尚,App 学习成为成人学员学习的新动向。由于工作环境和生活条件的制约,成人学员难以腾出整段时间来系统学习,而 App 学习具有碎片化、个性化和时时可学、处处能学的特点,较好地满足了成人学员的碎片化学习、个性化学习和多媒体学习的现实需求,较好地解决工学矛盾,因而成人学员希望成人院校增加 App 学习资源、优化 App 学习进程、实现教务管理信息化。

二、继续教育 App 应用问题

1. 推广意识不强,普及程度不高

App 的引入对成人院校的办学观念有着更高的要求,若不能及时解决观念问题,那么 App 应用推进就较为困难。一些成人院校缺乏前瞻意识,教育技术人才储备不足,教育技术应用意识不强,仍然固守课堂教学、面授辅导等传统教学形式,仍然意识不到网络教学和移动学习的重要性。支持服务能力建设一直是一些成人院校办学的弱项,寥寥无几的办学经费无法完善网络教学平台和开发 App 资源,无法为网络助学提供基础的硬件条件和软件条件。在成人学员需要移动学习和 App 学习的发展趋势下,一些成人院校无意、无力,也没有能力加强 App 技术开发、资源开发和科学管理。

2. 资源实用性不强,共建共享进程缓慢

粗制滥造是目前一些继续教育 App 学习资源制作的共性问题,学习资源整体上相对匮乏,学习资源的种类、数量和质量难以满足学员的学习诉求。一些成人院校只是将纸质的教案简单地转换为电子版形式,或将录制的专家讲座、课堂实录等整理成 App 形式学习资源,这种低层次加工而成的教学资源自然难以满足学员的学习要求。一些成人院校开发的 App 学习功能不齐全,缺少必要的功能,缺少基本的学习支持服务模块。目前各成人院校之间的共建共享意识和合作建设力度仍然不能满足 App 教学资源开发的现实需求,一些院校各自组建开发队伍、设计开发计划、推进开发进程,因人力、财力的限制而导致各自开发的教学资源质量低下,精品资源、品牌资源少,同质化、重复建设比较严重。

3. 教与学契合不紧密,互动不足

一些学员不能熟练地使用电脑和手机,难以进行正常的 App 学习。一些教师信息技术应用能力较差,难以胜任基于 App 的教学、辅导和学员管理等工作。一些成人院校虽然意识到网络教学的重要性,然而仅仅把教学内容改造成网络课程,相应的远程教学、辅导咨询和远程考核难以有效开展,对学员的学习、作业和疑惑难以进行及时的互动。尽管一些 App 设计了论坛交互模块,但是成人学员的许多互动交流仅仅局限于在论坛中发布帖子或评论帖子,缺少动态的双向互动,师生之间的互动往往流于形式,缺乏深度和广度。

4. 制约因素考虑不周,特色不明显

因技术问题,App 良莠不齐,一些 App 的操作性难以得到学员认可,平台界面功能不全、系统稳定性差、更新速度缓慢等因素影响了学员的学习兴趣和情感。因能力问题,一些 App 的课程设置、项目规划、教学资源、数字课件、远程考核、学习考核等环节抄袭、剽窃、借用、模仿其他院校 App 的内容过多过滥,而院校自身的优质教师资源、优质课程资源和优质教学资源等特色和优势难以体现。

三、新时代继续教育 App 应用的改进策略

1. 加大普及力度,扩大受益群体

教育技术创新是成人院校继续教育发展的重大战略。费时、费力、成本高,是一些成人院校设计、开发和建设 App 的主要顾虑之一。在同业同行都在依靠信息化赢得改革先机的时候,成人院校只有树立信息化的发展观念,理顺信息化的发展思路,采取信息化的发展措施,才能紧跟信息化时代并立足信息化改革前沿。

近年来,成人院校和培训机构加大了 App 设计、开发和建设力度。一些成

人高校开发了电脑端、手机端等网络教学平台,许多试点高校网络学院和一些网络教育条件丰厚的高校继续教育学院相继推出了本校高等继续教育云课堂App,构建了涵盖注册、教学、考试、班级管理、毕业等方面的学习支持服务体系。如:广州市广播电视大学推出"广州继续教育云课堂"App,面向中小学教师群体,提供移动教学培训、继续教育、移动教务管理等功能;上海市徐汇区社区学院推出社区教育主题App"汇课",主打精品微课、系列教材、体验课程、教研活动、汇聚一堂、汇志汇学六大模块,全方位多形式地展示社区教育资源。一些企业或公司开发了教育培训类App,如"铁路云教育"App是安徽和讯轨道交通应用技术有限公司开发的一款铁路职工学习平台,用户可以在手机上随时随地学习教材、作业练习、模拟考试、错题更正和远程考试。

深入挖掘成人学员学习需求,精心设计App产品性能。近年来,成人学员年轻化趋势明显,他们属于互联网的"原住民",日均上网时间长,相对于电脑端学习而言,特别喜欢手机端学习。因此,成人院校应开发内容丰富实用、产品体验良好、专业兼顾娱乐的手机App,优化App的功能设置、界面风格和收费方式,以满足年轻成人学员群体的新型学习方式需求,提高年轻成人学员群体的App使用黏性。

继续教育App设计应坚持针对性、教育性、一致性、交互性、情感性、激励性和个性化等原则,即目标用户定位准确,学习内容权威,设计风格符合目标用户的需求,互动参与度高,学习轻松无压力,激发学习动力,满足"我的私人课堂"等要求。当前继续教育App开发模式主要有原生应用、网页式应用、混合式应用和类原生应用等类型,成人院校应结合自身实际,选择适当的开发模式。App应用于继续教育教学,给继续教育带来了师生交互方式、内容呈现方式和学习阅读方式的挑战,要理顺中心与边缘、"有语"与"无语"、现实与虚拟、"读纸"与"读屏"的关系。

2. 加强资源建设,增强资源的实效性

大力开发符合成人学员学习需求的、具有科学性、系统性与目的性的教学资源。成人学员的学习是基于问题或生活的,对学习资源的实用性和针对性要求很高。App资源开发应坚持能力为本的开发原则,统筹协调基于岗位能力的开发模式、基于典型工作任务分析的开发模式和基于角色的开发模式。App学习资源开发应注重学习与工作、生活的联系,注重理论与实践的结合,将学科性、理

论性教学内容转变为基于问题的具有实践性、技能性、创造性的教学内容。App学习资源开发应在必要的基础理论教学的基础上,增加实用性强的新知识、新技术、新工艺、新设备和现代管理等教学内容,应强调职业道德、岗位技能、实践技能和解决问题能力的培育。App学习资源不是纸质教材的简单数字化,而是深度融合教育技术而形成的包括课程、作业、测验、虚拟实验、考试等在内的教学资源,是符合碎片化学习规律的微资源、MOOC资源。

共建共享优质教学资源是信息化时代资源建设的基本原则,合作和联盟是App教学资源开发和应用的重要推手。一些能够体现本校特色的优势资源应独立开发,学校在自主开发App资源时应组织本校App开发教师队伍,结合本校自身特色,开发出适合成人学员学习需要的理论课程、专业课程和实践课程,形成成人学员群体认可的资源库。对于一些通识课程和一般学科课程等,大部分资源应采取联合开发、购买租赁等方式建设,有目的地选择质量高、理念新颖、知识前沿的App课程,同时应考虑引入课程与本校课程在继续教育针对性和可用性等方面的适切程度。成人院校也可以借助北京奥鹏文化传媒、北京联大时代网络、弘成科技发展等公司相对丰厚的技术优势、资源优势开展各种形式的合作,将技术支撑、公共课资源建设和部分学习支持服务委托给公司运营。

近年来,国家和地方教育部门加强了精品课程的建设力度,成人院校可以以会员的方式享受数字化资源。院校之间、同行业内部、一定区域内的院校可以组建各种形式的资源建设联盟,构建继续教育资源库和服务平台。

3. 强化教与学互动,契合学员学习需求

师生信息素养提高是教与学互动的基础。由于部分学员信息技术素养较差,不能熟练使用智能手机和App,因此,应首先培训学员熟练地使用电脑和手机,熟练掌握App的下载、安装以及基于App的学习程序和技巧。教师应具备基于App的课程制作能力、在线教学和混合教学的能力、使用软件的能力、使用网络工具的能力。这种能力的提升,既需要教师自身根据个人能力和愿望去主动学习和主动提高,也需要成人院校对教师进行App制作、教学应用等方面的系统培训。

交互式教学是App学习的本真体现。App交互式教学中的交互包括师生之间、生生之间以及学生与学习资源之间的交互,这种交互性是App教学的独

特优势。在 App 中学习,学员可以随时随地在线与教师、同学沟通交流学习经验,开展合作学习,深层次讨论学习问题。因此,App 开发应注重教学过程和环节的互动功能设计,健全学习支持服务各项功能,学员学习可以自主选择人机互动、师生互动、同学互动等模式。互动的内容既要包括疑惑解答、经验分享、合作学习、问题讨论等,也应包括信息沟通、学习督促,以及各种管理等。

班级学习群、课程学习群等微型社区有助于增强教学互动的针对性。根据学员的类型、层次和专业等因素而组建不同的班级群,根据不同的课程和项目而组建不同的课程群。班级群和课程群里的学员因具有基本一致的生源特征而表现出基本相同的学习需求和学习风格。网络上的这种微型社区又因超时空,具有开放性、虚拟性、自主性和平等性,以及组织的扁平性和多中心性,可以使成人学员在开放的学习环境中突破传统学习模式的束缚,从而实现自主学习、自我导向学习和个性化学习,并在多重交互中实现教学相长,乃至能者为师。

及时改进和升级 App 是提高服务质量的又一关键环节。任何一款 App 在使用过程中都会出现或遇到这样那样的问题,因此,成人院校应及时跟踪服务质量的情况反馈,不断改进服务的内容和形式。改进的途径包括教育技术方面的改进,也包括教育理念、内容、方式和评价等方面的改进。

4. 统筹影响因素,办出专业水准和特色

专业化是继续教育 App 应用的发展方向。笼统、庞杂的资源并不符合成人学员的专业学习需求,分门别类的专门化的资源才能受到成人学员的欢迎。由于继续教育 App 种类繁杂,学员在筛选有价值的、对自己有用的 App 时,会耗费大量的时间。App 只有专业、专门和精准,才能招来学员、留住学员和促进学员专业发展,才能避免成为学员手机上的"僵尸 App"。成人院校应以更专业化的师资、课程和教学来打造教育品牌,做出教育特色。在竞争的环境中,广而不精,阔而不深,没有高、精、尖的业务,难以做出品牌、做强市场。师资要有专业团队,课程要有专业内涵,教学要有专业水准。

特色是继续教育 App 应用的关键因素。当前继续教育教学并不缺乏 App 数量,而是缺乏高质量、有特色的品牌 App。每个成人院校由于历史、地理、生源、学科、专业、课程和师资条件的差异而具有不同的优势、劣势以及不同的发展模式。因而,成人院校应明确自己的发展定位,发挥自己的优势,在自己擅长的继续教育教学和培训领域开拓创新,做到"人无我有,人有我特,人特我精、我专、我高"。App应用应坚持立足本校优质资源的特色发展原则,秉持"有所为、有所不为"的办学原则,开发能够体现本校办学实力和水平的教育类型、优质专业、特色课程、教学模式和学习支持服务,形成符合校情的App应用体系。

(温娟娟,原文载于《成人教育》2019年第12期)

编注:继续教育App应用契合成人学员的学习需求,得到了国家政策支持、学者积极关注、成人院校重视和学员欢迎。目前一些成人院校在继续教育教学中还没有有效应用App,存在着推广意识不强、资源实用性不强、教与学契合不紧密以及特色不明显等问题。为促进App的有效应用,应加大普及力度,加强资源实用性建设,增强教与学互动,办出专业水准和特色。

基于HPWS理论分析中部制造企业的绩效人才队伍建设

一、中部制造企业高绩效人才队伍建设中出现的问题

1. 中部制造企业高绩效人才队伍建设过程中的路径依赖

企业发展中的路径依赖是指过去发生的事情在无形中约束着企业当前的决策,对企业的发展造成了重要影响。这些问题导致企业在发展中难以实现真正的改革和创新。而且,中部地区的很多制造企业都属于劳动密集型企业,对于物质资源和关系资源比较重视,但不重视人力资源,尤其是企业的人才建设。另外,中部地区很多中小型的制造企业,在企业发展初期就比较重视企业的市场营销问题和成本控制,企业的人力资源管理只是企业管理中的人事管理。企业对于人才的管理观念在日常的生产经营中已经融入企业管理的每一个环节中,形成了企业独有的文化和管理风格,在短时间内难以实现真正的变革。由于中部中小型制造企业的路径依赖性仍然存在,因此,企业要做到真正的变革,还需要从主观和客观两个方面不断努力,从而改变当前的这种人力资源管理模式,实现高绩效的人才资源管理。

2. 中部制造企业的人力资源高绩效标准缺乏战略关联

企业的高绩效人才队伍建设,首先要确定企业的高绩效评定标准。中部地区中小型制造企业在传统的人力资源管理中,对于企业人才管理的实际效果并没有明确的界定,但在形式上仍然强调企业人才管理的"高绩效"。而实际上传统的人力资源管理所说的"高绩效"与真正的高绩效人才管理有根本性的区别。

3. 中部制造企业在实现人才高绩效标准方面缺乏系统化设计

以往的人力资源管理比较重视员工技能、绩效等方面,例如企业需要采用招聘选拔人才的方法来提高企业人才管理绩效水平,或是通过完善员工的薪资激

励制度,建立企业绩效薪酬体系等措施,不断激励员工提高工作绩效,然后通过加强对员工的各种技能培训,来提高员工的工作能力等。但这种单一化的人力资源管理策略,不同类型之间需要不同的匹配关系,人力资源管理策略之间的相互匹配,比单一的人力资源管理策略更能提高员工的绩效。有些单一的人力资源管理实践,必须要与其他人力资源管理实践活动相互配合,才能发挥自身的作用。

二、中部制造企业建设高绩效人才队伍的系统模型

1. HPWS 理论的概念

HPWS 理论是 20 世纪 90 年代提出的一种人力资源管理新型理念,它采用人力资源管理系统的战略化思路,强调人力资源管理实践和企业发展战略的相互匹配及各项人力资源管理单一实践间的相互协调,同时对能够实现企业绩效最大化的人力资源管理进行假定。HPWS 理论就是企业内部相一致,保证企业的人力资源管理实践可以为企业的战略化发展提供服务,且能够提高员工的工作能力和工作效率,保证企业可以持续提升竞争力的人才绩效管理理念。

2. 中部制造企业基于 HPWS 理论建设高绩效人才队伍的作用

由于中部地区制造企业多为中小型企业,因此,对中小型企业来说,基于 HPWS 理论建设高绩效的人才队伍是打破企业发展瓶颈的主要方法。一方面,HPWS 理论有利于中小型制造企业突破传统的人力资源管理路径依赖,确立新型人力资源管理准则。企业能够通过组织学习的方式克服企业发展过程中的路径依赖,提高企业在面临环境改变时的适应性。而 HPWS 理论不仅可以用于员工培训、信息共享和学习参与、及时反馈等具体的人力资源管理实践,还有助于企业创建适合自身组织学习的人力资源管理平台,增强企业应对环境改变的能力。另一方面,HPWS 理论有利于中小型制造企业强化人力资源管理与企业战略之间的关联。

在 HPWS 理论指导下,企业通过人力资源行动的高绩效人才队伍建设,不仅有利于科学合理的高绩效人才队伍规划,根据自身的特点对企业的人力资源管理系统进行设计,从而降低企业的运营成本,而且在转型升级的环境下,中小型制造企业还能从低成本竞争转型为创新化企业。HPWS 理论能够提升中小型企业单一标准化、低成本的人力资源管理实践能力,同时还有助于企业建设高

绩效的人才队伍。

3. 中小型制造企业高绩效人才队伍建设的系统模型

HWPS 理论为中小型企业建设高绩效人才队伍提供了科学依据,如图 1 所示。图 1 的上半部分为中小型制造企业高绩效人才队伍建设的子系统与企业战略的纵向匹配关系,以及两者之间的横向匹配关系与企业战略之间的关系;图 1 的下半部分主要表明了与上述的内容模块相对应的人力资源实践。

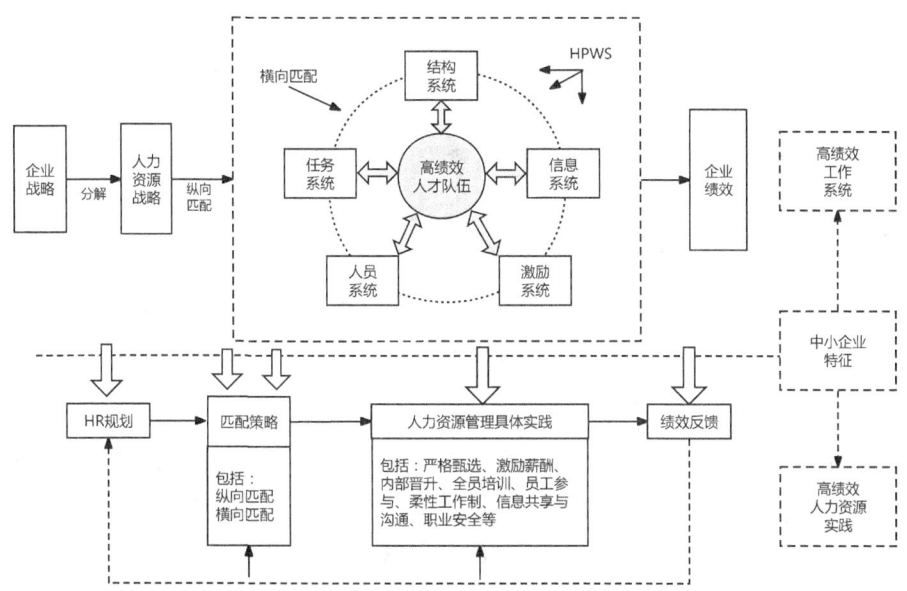

图 1　中小型制造企业高绩效人才队伍建设的系统模型

三、中部制造企业建设系统化高绩效人才队伍的策略

1. 中部制造企业人力资源战略规划

中部制造企业基本上都是一些中小型企业,在建设高绩效人才队伍方面,还要采用高绩效管理系统进行人力资源管理规划。基于 HPWS 理论,高绩效人力资源战略规划首先要满足企业一定时期内的发展需求,同时高绩效人力资源战略规划还要与企业战略保持一致,以便应对企业环境的变化。由于中小型企业受到企业管理者的影响较大,且企业自身的综合实力较差,导致中小型制造企业的战略规划通常可变性较大,且都是非正式的,难以针对企业的战略设计对人力资源战略作出相应的调整。因此,企业要制定高绩效人力资源规划,可以将企业

发展的生命周期当作出发点。创业初期的企业,内部组织结构相对比较简单,企业的人力资源管理职能也较为简单,不过创业初期是企业核心价值观念和企业文化的形成关键期,因此企业创业初期的人力资源战略性规划,应以建设企业的文化为主,采用长期的激励政策,建设巩固企业发展的核心人才队伍。成长期的企业人力资源战略规划主要是解决企业成长过程中会面临的一些管理失衡问题,制定科学的人力资源管理制度,设计员工激励形式、成长计划等。成熟期的人力资源战略规划主要是保持企业的稳定运作,为企业进入转型期进行规划。转型期的人力资源规划主要是为企业的转型升级提供人才支撑,从而保证企业能够顺利完成人力资源管理的转型升级。

2. 中部制造企业高绩效人才队伍建设的匹配策略

对于中部制造企业而言,人力资源管理与企业战略相匹配的难题主要是企业的发展战略和人力资源战略都是隐性的。虽然有些中小型企业在发展阶段就进行了人力资源战略规划,但由于规划策略是隐性的,只是存在于企业高管成员的构想中,并没有制订为明确的具体战略实施方案。因此,企业人力资源战略的外化还需要企业通过聘请外部咨询专家,对企业所处环境、利益关系和企业能力等进行分析评估后,才可以制订具体的行动方案,实施企业人力资源管理战略。在建设企业高绩效的人才队伍时,企业要在人力资源战略发展执行中切实落实具体的人力资源管理实践策略,从而真正实现企业战略与企业人力资源管理的纵向匹配,打造出高绩效的企业人才队伍。

(武漫漫,原文载于《中国新通信》2017 年 3 月期)

编注:制造企业建设高绩效的人才队伍,是企业在当前经济发展速度不断加快,应对国际金融危机时的有效策略。但由于目前中部地区的制造业并不发达,很多中小型的制造企业因为受到企业路径依赖性、战略系统性缺失和关联缺位等因素的影响,导致自身在创建高绩效的人才队伍时遇到了诸多难题。为了有效解决这部分问题,中部制造企业在构建高效的绩效人才队伍系统模型时,还需要以 HPWS 理论为基础,针对制造企业各管理环节中的具体模块进行科学合理的设计,进一步提升中部制造企业的绩效人才建设水平和管理水平。

紧密对接产业发展，打造高水平专业群

专业群建设是职业院校适应经济发展的战略选择，是职业院校内涵建设中组织变革的创新。近年来，河南职业技术学院按照"专业群对接产业链，专业能力对接职业能力，教学标准对接岗位标准，教学过程对接生产过程"的"四对接"要求，从"产、教、学、研、创、训"六个维度，探索"六合一"运行模式，为产业输送大量优秀技术技能型人才。学校深化产教融合，精准实施"以群建院、以院强群"治理思路，对接国家战略需求和区域产业布局，主动服务产业发展需求，对标高端产业、高端企业、高端岗位，建设十大专业群，重构学校治理体系、提升治理能力。

学院坚持党的领导，坚持正确办学方向，建设高水平职业院校和专业。"以群建院"是落实教育部、河南省人民政府关于深化职业教育改革推进技能社会建设意见，加快培养创新型、应用型、技能型人才的具体改革举措，也是学校推进"双高计划"建设，服务河南经济社会的迫切要求。学校按照"产业—产业集群—产业链"的逻辑，探索专业资质形势变革，明确以专业群为载体，承担整个教育教学、科研创新资质管理等任务，变革教学组织形式，建立行业产业学院，不断探索类型教育的有效途径。

服务产业产能升级及文化需求，打造高水平专业群

一是助推河南及周边区域经济装备制造产业发展，建设高水平装备制造专业群。河南作为国家老工业基地升级转型和支柱产业制造业重点战略发展基地，具有行业聚集度高、产业链条完整的装备制造产业集群，学校以国家"双高计划"高水平专业群数控技术专业群建设为引领，在教育链、产业链、人才链、价值链上进行研究与实践，构成专业组群逻辑，形成数控技术专业群，示范引领各专业建设，设立智能制造学院，培养高端智能装备、智能生产线装调运维、控制系统

升级改造、产品智能检测与管理服务等方面的高素质技术技能人才。在"双高计划"实施的近两年中，专业群取得了相当数量的国家级标志性成果和绩效，为其他专业群建设提供了特色鲜明、亮点突出的"河职方案"。

二是响应"文化旅游强省"战略，建设省高水平旅游管理专业群。文化旅游产业是河南省重点培育的支柱产业之一，"黄河文化""老家河南"等产业项目已成为亮点。学院对接智慧旅游、民宿研学、健康教育与管理、音乐表演等产业，以河南地域文化传播为核心，设立文化旅游学院，培养旅游服务、酒店管理、烹饪工艺与营养、表演艺术等领域的高素质技术技能人才。

对接新兴产业发展，打造重点专业群

一是根据郑州市"十四五"规划，将围绕智能终端的研发与制造补链延链，形成产业集群、壮大产业规模，努力让电子信息产业成为把郑州这座城市"立"起来、"强"起来的产业。郑州市作为国家规划战略聚集区、中国智能传感谷、5G及北斗产业发展示范区，形成了智能终端、信息安全、智能传感器三个较为完整的产业链。学校以电子信息工程技术为核心，形成电子信息技术专业群，建设电子与物联网学院，培养电子信息技术、物联网技术、计算机网络技术、现代移动通信技术、电气自动化技术等方面高素质技术技能人才。

二是要加快建设国家大数据综合试验区核心区、国家网络安全产业园，争取创建国家新一代人工智能创新发展试验区，打造中部最强数据中心。新一代的信息处理技术具有智能化、网络化、数据化等特点，为响应河南省信息化、工业化融合发展战略，学校以大数据技术专业为核心，形成专业群，建设现代信息技术学院，培养大数据挖掘与分析、计算机应用、软件开发、移动应用开发等方面的高素质技术技能人才。

三是响应"健康中国2030"规划战略，建设智慧健康养老服务专业群。健康养老产业已被确定为河南服务业支柱产业，学校对接区域康养服务、养生养老、健康教育与管理等产业，设立智慧健康学院，培养健康教育与管理、健康养老、食品加工技术、烹饪与面点制作等岗位高素质技术技能人才。

四是服务国家战略郑州航空港经济综合实验区，加快电子商务物流产业发展，抢抓河南国民经济新兴产业发展政策机遇，提高河南经济竞争力和对外影响力。学院以电子商务专业为核心构建专业群，建设电商物流学院，培养电子商务、物流管理、市场营销等领域的高素质技术技能人才。

五是服务财经金融业发展,紧抓突出发展大数据与会计、审计、工商企业管理的机遇。学校以会计专业为核心,形成大数据与会计专业群,建设财经管理学院,培养大数据与会计、大数据与审计、工商企业管理等方面的高素质技术技能人才。

六是围绕河南十大新兴产业的支柱产业发展,建设新能源汽车专业群。学校以新能源汽车为核心,建设汽车与交通学院,培养汽车检测与维修、新能源汽车、汽车智能网联技术、汽车制造与试验技术、汽车技术服务与营销等方面的高素质技术技能人才。

优化内部治理结构,完善以专业建设为基点的机制建设

一是建立"以群建院、以院强群"管理体制。学院完善两级管理,建立学校、二级学院、专业(群)三级组织构架,建立完善三级管理权限与责任、评价与监督等制度。确立以二级学院为主体的管理模式,将教学组织、技术服务、社会培训等下放到二级学院,二级学院实施扁平化网络化管理结构,实现管理重心下移。

二是建立"以群建院、以院强群"运行机制。学校完善"衔接融合、动态调整"的专业群建设机制,组建发展咨询委员会,将体现社会对专业认可度的指标作为专业评估考核主要内容,继续加大专业课程诊断与改进,不适应的及时转停,据此调整专业。完善"注重内涵、整体提升"的专业群发展机制,系统设计人才培养方案,重构课程体系、课程内容,促进群内各专业间的资源共建共享、协同发展。

三是建立"以群建院、以院强群"保障机制。学校坚持"创新、质量、开发、融合、发展"办学理念,构建政行企校紧密合作、优势互补、共同发展的产教融合良好生态。在产教融合中深化教与学的结合、双师团队建设、人才培养与科研服务的协同,吸引企业深度参与学生实践教学,推动专业课程变革和学习方式的变革。打造高水平专业群建设团队,以基层教学组织为依托,以教师教学创新团队建设为抓手,明确"选、育、留、用、评"路径,建设一批结构化、高水平的教学创新团队,培育培养"师德高尚、技艺精湛、专兼结合、充满活力"的高素质双师教师,形成校企融通、双向流动、互聘互用机制,提升专业群人才培养质量和社会服务能力(图1)。

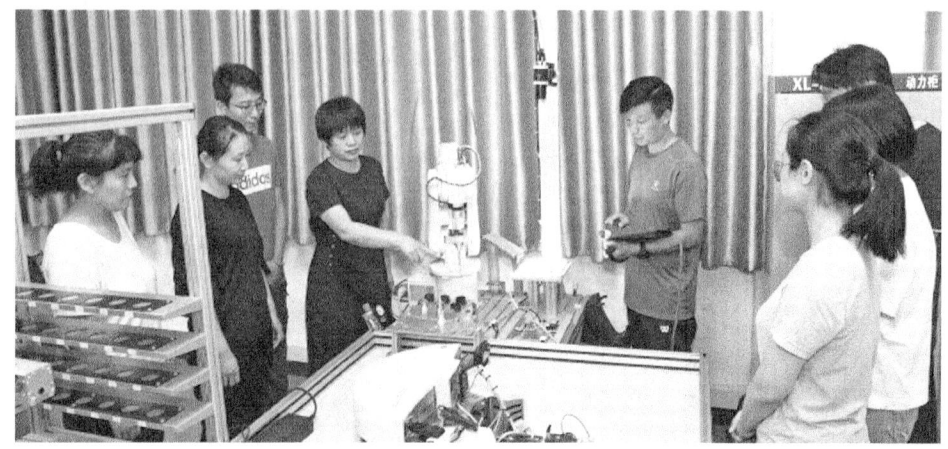

图 1　教师研讨承接企业项目技术研发

打造高水平专业群是高水平职业院校的核心竞争力,也是职业院校提高人才培养质量的关键。学院加强内涵建设,建立健全多方协同的专业群可持续发展保障机制,充分发挥高水平专业群示范作用,为促进人才培养发挥了积极作用。

(肖珑,李小强,王美姣,原文载于《教育时报》,2021 年 9 月 14 日)

第四篇

激与励

河南职业技术学院精准施教分类培养能工巧匠、大国工匠侧记

习近平总书记在全国职业教育大会上指出,"在全面建设社会主义现代化国家新征程中,职业教育前途广阔、大有可为",为职业教育发展提供了根本遵循。

如何准确把握"职业教育前途广阔、大有可为"的科学论断？近5年来,河南职业技术学院主动作为,大胆改革,积极创新,赋能高等职业教育,走出了一条特色鲜明的高职教育发展道路。

河南职业技术学院始建于1954年,是经教育部批准成立的一所新型高等职业公办院校。67年来,学院主动适应经济发展新常态,以服务发展为宗旨,秉承"创新、质量、开放、融合、发展"的发展理念和"学生为本,立德树人"的教育理念,坚持"质量立校、全面提升、追求卓越、跨越发展"的总体工作思路,以市场需求为导向,为社会输送大批的高素质技术技能型人才。

河南职业技术学院继获评为国家示范性高等职业院校、国家级优质专科高等职业院校之后,又成功入选国家"双高计划"建设单位和河南省"双高工程"建设院校,先后被评为全国首批50所毕业生就业典型经验高校、全国创新创业典型经验高校、全国高等职业教学资源50强高校,先后被确定为首批国家高技能人才培养示范基地、国家级现代学徒制试点、国家首批1+X证书制度试点院校,获国家技能人才培育突出贡献奖……为社会培养了大批的高素质、复合型、创新型技术技能人才,赢得了社会各界的广泛赞誉。

精准施教让职业教育"香"起来

进入新时代,如何让河南在人口大省的基础上,迈入人力资源大省、新兴工业大省、经济大省和内陆开放大省？

河南职业技术学院党委书记李桂贞说,作为国家"双高计划"建设单位和河

南省"双高工程"建设院校,河南职业技术学院应当承担这一历史重任,紧跟职业教育改革发展大趋势,精准施教,分类培养,充分发挥职业教育面向市场、面向能力、面向社会、面向人人的功能作用,培养更多高素质技术技能人才、能工巧匠、大国工匠,打造河南高职教育创新发展新高地,为河南经济发展提供强有力人才和技能支撑。

近5年来,学校实施目标导向的人才培养模式,制订"一体化"人才培养方案,以专业人才培养方案制订和运行为主体,把培养学生工匠精神和创新创业精神融入人才培养方案,把爱业、敬业、乐业、勤业和精业与认知能力、实践能力、协作能力和创新能力作为人才培养的目标。同时,以"教育教学质量提升工程、学生人文素养培育工程和创新创业教育引领工程"三项工程为发力点,建设技术技能创新型校园,为师生施展技术技能提供舞台,为实现创新梦想提供沃土。

2021年3月11日,全国人大会议中心小汤山山庄管理部向学校发来感谢信,感谢学校为会议中心选派的5名专业实习学生,在服务2021年全国两会期间,以高度的政治责任感和过硬的专业技能,圆满完成了会议期间的服务工作。

对这次顶岗实习能得到会议中心的充分肯定,黄楚楚激动地说:"这得益于学校营造深厚的技术技能创新型校园氛围和教师日常对我们综合素质和专业技能的培养,得益于校内全真实训……"

商学院物流管理专业学生范秋寒等5名大三实习学生,在去年春节期间,凭借在校学习的理论知识和掌握的技术技能,快速地成为河南赋能供应链管理有限公司的"技术高手、全能选手、销售能手和沟通强手",准毕业生成了企业骨干。这些均得益于学校深化产教融合。采用双元制教学模式,将试点课程教学内容重构分解为理论元和技能元"双轮驱动",精准教学,使培养的学生都深受企业欢迎,实现高质量就业。

分类培养让职业教育"亮"起来

以市场需求为导向,培养高素质、复合型、创新型人才。推进产教融合、校企合作,吸引更多青年接受职业技能教育,促进教育链、人才链与产业链、创新链有效衔接。

河南职业技术学院院长梅乐堂说,学校紧紧围绕国家和河南省委省政府关于大力发展职业教育的战略部署,认真落实国家"双高计划"建设、职业教育提质培优三年行动计划和河南"双高工程"建设目标任务,创新发展,分类培养,吸引更多青年接受创新创业教育和职业技能教育。

实施教师队伍分类培养。学校积极实施引航计划、强基计划、鲁班计划和梧桐计划"四项计划",提升教师的"双师"素质和技术技能水平。

实施"引航计划",推动新入职教师成长发展。学校制定《新入职教师培训与开课管理办法》,对新入职教师在师德师风、教学技巧和专业技能等方面进行岗前培训,通过以老带新、师徒结对等形式,为新教师成长引好航、领好路。

实施"强基计划",打造一支高水平"双师"队伍。通过组织教师参加专业提升研修和培训,参与教材精品在线开放课程、专业教学资源库建设等,开展信息化专业课堂教学,进一步强化教师专业教学能力。近年来,教师获河南省和全国职业院校技能大赛教师教学能力比赛一等奖10项、二等奖7项和三等奖6项。同时,鼓励教师深入企业开展生产组织方式、工艺流程、关键技能应用专业实践,以及对接1+X证书试点,探索适应职业技能培训要求的教师分级培训模式,提升教师的实践教学水平和操作能力。学校"校企合作多措并举打造高水平'双师型'教师队伍"入选首批高等职业学校"双师型"教师队伍建设典型案例。

实施"鲁班计划",培育一批技术能手和技能大师。学校建立技能大师培养机制,遴选一批有丰富实践经验和较高技术技能水平的骨干教师,参加企业顶岗实践和技术技能研究,以及企业技能大师交流培训、项目合作研发,同时,还与企业共同组建"双元结构"教师小组,企业骨干和学校教师共同授课,以及开展新技术新技能新工艺开发与应用、传统(民族)技艺传承和技能大赛培训等活动,培养技术技能强手。学校培育了1名国家级、1名省级技能大师和20余名全国技术能手、省级技术能手,以及2名省职业教育课程联盟第一届"移动教学名师"。

实施"梧桐计划",引进具有行业权威和国内外影响力的高层次人才。学校创新高水平人才引进和培养工作机制,完善管理办法,落实人才职务职称、安家及收入待遇,加大科研经费支持力度,为高层次人才在教学、科研等方面提供良好的发展平台,确保高层次人才引得来、留得住、用得好,实现从骨干教师到专业带头人再到专业群领军人才及国匠名师的跨越成长,为专业(群)建设选好"领头雁"。

实施创新创业分类培养模式。近年来,学校积极响应国家"大众创业,万众创新"号召,高度重视大学生创新创业教育工作,深入推进创新创业教育引领工程,改革人才培养方案,完善体制机制,共建创业孵化园,设立专项经费,开办创业专业实验班,成立创友会,开展创新创业培训、创业大讲堂、沙龙等多项实践活动,形成了"抓教育推进专创融合、抓平台推动实践教学、抓服务强化机制保障、抓扶持带动创业实践"的"四抓双创"模式,赋能河南创新创业教育工作高质量发展。

在创新创业过程中,针对有创业意愿和一定创业能力的大学生,开展GYB、SYB培训,开展创业意识普及教育,帮助创新创业学生确定创业项目。选拔创业意愿强烈、能力突出、想法成熟的学生进入精英训练营和创业专业实验班,重点培养,精准提升,形成"普及教育+意向教育+精英教育"分层递进、有机衔接的创新创业教育模式。近3年,创业意识培训累计培训学生2万余人,实现所有专业全覆盖。

张文博完成GYB普及教育和SYB意向教育培训后,接受创业精英训练营的理论学习和专项训练,并在学校和老师的帮助下,成立了小文鲜生创业团队,拿到了5 000元创业开业补贴,并入驻学校创客空间。在创业孵化期间,张文博创业团队项目"小文鲜生——专注于农产品供应链"参加了第五届中国"互联网+"大学生创新创业大赛,并获省赛金奖和国赛铜奖。张文博获得了2020年第三届全国就业创业先进人物,成功的创业事迹被央视报道,成为新时代大学生创客的优秀代表。

通过持续开展分类创新创业教育工作,学校人才培养质量和毕业生就业质量不断提高,2018年学校获评"全国创新创业典型经验高校",创业师生先后获得"全省十大就业创业指导名师""大学生创新创业十佳标兵""全国大学生就业创业先进人物"等荣誉称号。国家、省、市各级领导先后调研学校创新创业教育工作,并给予了充分肯定。

为进一步推广"四抓双创"模式,在省人力资源和社会保障厅、省教育厅的支持下,学校牵头成立的河南省高等职业院校创新创业教育联盟,主动适应和服务河南"国家战略"发展,融聚校企力量、整合创新创业资源,为推进我省创新创业教育的改革发展,培养造就创新创业卓越人才打下了坚实的基础。

实施技术技能分类培养模式。学校牢固树立质量意识,让具有理论知识扎实、技术技能精湛的学生成为学校的品牌和代言人。为此,学校提出从规模扩张向内涵发展转变观念,深入推进教育教学质量提升工程,强化专业建设、产教融合、校企合作，把培养高素质技术技能人才作为人才培养的重要方式。

为提高学生动手能力，让学生在实践中提高技能水平，学校与包括世界500强在内的102家合作企业在校内外建设了近千个实习实训基地和虚拟仿真实训中心、生产性实训基地，采取"校企共同授课、双元有机融合"的方法，创造实践教学、边干边学的环境。同时，学校选拔专业理论知识扎实，实践能力突出的学生，开展职业技能比赛项目集中教学，参加各类专业技能比赛，把大赛作为提升学生技能、检验教学质量、展示教育成果的舞台。近年来，学校师生代表河南省参加了全国职业院校技能大赛、全国职业院校教学能力比赛、全国数控技能大赛、世界技能大赛等赛事，获国家级奖励100余项、省级奖励260余项，在全省高职院校获奖规格、获奖数量等数据统计中均位居前列。学校荣获国家数控技能大赛突出贡献奖、国家技能人才培育突出贡献奖，达到了以赛促教、以赛促学、以赛促发展的目的。

在2020年由团中央、教育部、全国学联等联合主办的第十二届"挑战杯"中国大学生创业计划竞赛全国决赛中，"贴身守护专注心肺健康——便携式心肺监护仪"项目喜获金奖，河南职业技术学院成为近5年来河南省唯一获得"挑战杯"金奖的高校。"在校期间，通过老师的倾心传道授艺和自己的不断努力，自己的专业技能不断提高，这次站在全国竞赛最高领奖台上，展现了学校的办学实力，展示了一个高职院校学生的自身水平。我们讲好了河职故事，为河南添了彩。我感觉很自豪。"2019级计算机网络技术专业学生郭晟钰说。

学校还改革招生考试录取方式，制订单独考试招生和技能拔尖人才免试入学工作方案，对获得由教育部主办或联办的全国职业院校技能大赛三等奖及以上奖项或由省级教育行政部门主办或联办的省级职业院校技能大赛一等奖的中职毕业生，以及具有高级技工或技师资格（或相当职业资格）、获得县级劳动模范先进个人以上称号的在职在岗中职毕业生直接免试录取。

信息工程学院网络201班学生石哲豪说，他在上职业中专期间把自己全部精力都用在了专业知识的学习上，通过自己的努力和拼搏，获河南省技能大赛一等奖，获全国职业院校技能大赛中职组网络搭建与应用项目团队一等奖。2020年，石哲豪凭借超强的专业能力直接被河南职业技术学院免试录取。

每年有200余人像石哲豪这样符合免试资格进入学校接受高职教育，在学校实施技术技能分类培养模式下，他们练就专业技能，培养工匠精神和精准求精的习惯,为实现技能成才、技能报国之路奋力前行。

党建引领让职业教育"强"起来

习近平总书记强调要坚持党的领导,坚持正确办学方向,坚持立德树人,深刻阐释了职业院校办学的根本保障、根本方向和根本任务。

近年来,学校认真贯彻落实党的十八大、十九大精神和全国、全省教育大会精神,积极开展"两学一做"学习教育、"不忘初心、牢记使命"主题教育、党史学习教育等,党的建设和思想政治工作取得显著成效。学校先后入选河南省"三全育人"综合改革试点院(系)、河南省网络文化建设试点高校、2018年全省高校思想政治工作精品项目、河南省中华优秀传统文化传承基地,先后荣获"全国党建工作样板党支部"、省"五四红旗团委"、全省"大美学工"十佳学生工作先进单位、首届河南省文明校园等荣誉称号,实现了以党的建设高质量引领学校发展高质量的目标。

河南职业技术学院党委书记李桂贞说:"学校始终坚持党的领导,牢牢把握立德树人根本任务,在党的建设、思想政治、教师队伍建设、建设专业、技能培养等方面特色发展,为'人人尽展其才'创造条件,加快培养具有职业精神、创新精神、工匠精神的高素质、复合型和创新型人才,争取为我省人口红利加速向人才红利转变作出新的更大贡献。"

学校积极创新思政课理论教学和实践教学方式方法,打造思政"金课",利用网络平台打造的"思政'网+红'微课",创作的网课"版画里的'思政课'"获第四届全国高校网络教育优秀作品三等奖,"思政'网+红'"微课入选全省高校网络文化建设精品项目。

学校把师德师风作为教师队伍建设的首要任务,不断创新方式方法,打造以"红色精神、教育家精神、工匠精神"等为主要内容的具有职业教育特色的师德师风教育体系,为推动职业教育发展和"双高计划"建设提供了强有力的思想保障和精神动力。河南职业技术学院师德师风建设取得了显著成效,涌现出一个个、一批批师德先进个人和优秀教师典范。他们中有全国职业院校教学能力大赛一等奖获得者的青年教师胡二坤,有学生的良师益友的省优秀辅导员董岳磊,有全国优秀教师吴建华,有世界技能大赛金牌教练涂勇,还有"坚守讲台四十载、薪火相传唱中原"的国家"万人计划"名师、二级教授雷红薇。

船正风满帆。在国家、河南省"十四五"规划和2035远景目标的宏伟蓝图下,河南职业技术学院正立足新发展阶段,贯彻新发展理念,构建新发展格局,积极围绕优化职业教育类型定位,深入推进育人方式、办学模式、管理体制、保障机制改革,不断增强职业教育适应性,继续写好河南高等职业教育高质量发展的新篇章。

(原文载于《河南日报》,2021年6月16日)

河南省高等职业院校创新创业教育联盟成立大会在河南职业技术学院举行

庆祝建党百年,发扬首创精神,引领高职发展。6月4日上午,河南省高等职业院校创新创业教育联盟成立大会在河南职业技术学院举行。河南省人力资源和社会保障厅党组成员、副厅长李甄,河南省教育厅二级巡视员李培俊出席大会并致辞。河南省教育厅职成教处处长秦剑臣、学生处处长李班和二级调研员王新生,河南省本科生就业工作委员会副秘书长杨炳群,以及来自省内52所高职院校代表和5家孵化企业代表共200余人参加大会。学校党委书记李桂贞致辞。学校院长梅乐堂、副院长肖珑和创业学院负责人分别主持了联盟成立、主旨报告和参观交流三个阶段的活动。

李甄在致辞中对河南省高职院校创新创业教育联盟的成立给予高度评价,对学校紧紧抓住国家创新驱动发展的战略机遇,不断深化创新创业教育改革,深入实施创新创业教育引领工程方面做出的成效给予高度认可。他希望,联盟要充分发挥强大合力、传播影响力和示范引领作用,逐步形成以创新创业促进高质量就业工作新格局,共同推进河南省高职院校创新创业教育改革,要让每一个创业的小船,都能在市场经济的大海中劈浪前行,让每一颗具有创新的种子,都能在支持帮助下破土成长。他指出,省人社厅将一如既往地支持河南高职院校创新创业教育和联盟建设发展,为进一步打造河南省创新创业教育品牌,实现中原更加出彩做出应有努力。

李培俊在致辞中指出,联盟的成立在全省高等职业院校创新创业教育方面具有里程碑意义,不仅是高职院校推进教育教学改革、深化产教融合、推进协同创新的一件好事实事,更是我省打造技能社会、建设职教高地、助推河南经济发展的当务之急和利远之策。他希望,联盟要建好平台、创出品牌,示范引领、融合创新,汇聚资源、协同发展,发挥好联盟作用,开展好创新创业工作,为河南高职

教育高质量发展和地方经济建设作出更大贡献。

李桂贞介绍了学校基本情况，回顾了学校近年来在创新创业工作中所取得的成绩。她表示，联盟的成立顺势而为，应时而生，对推动河南省创新创业优势与人才培养优势的互促互进，对促进河南经济和高职教育实现高质量发展起到积极作用。学校作为联盟牵头单位，在省教育厅和省人社厅的大力支持和具体指导下，将与联盟成员一起，秉持"资源共享、优势互补、合作共赢、智创未来"的原则，坚持务实合作、资源共享、协同创新、互利共赢的目标，为联盟成员间的交流合作搭建便捷广阔平台，建立高效规范的常态化运行机制，开展系列创新创业活动，做好服务保障，营造良好的创新创业氛围，力争取得更多更好的成果。她代表联盟发出四条倡议：一要赓续红色根脉，发扬首创精神；二要推动改革创新，服务发展战略；三要搭建一流平台，打造命运共同体；四要发挥示范引领，创出特色品牌，共同推进我省创新创业教育改革发展，努力培养造就创新创业卓越人才，服务地方经济高质量发展。

大会表决通过了河南职业技术学院为理事长单位，黄河水利职业技术学院、郑州铁路职业技术学院、河南工业职业技术学院、河南农业职业学院、许昌职业技术学院、河南经贸职业学院、河南交通职业技术学院、平顶山工业职业技术学院和河南机电职业学院为副理事长单位，与会领导为理事长单位、副理事长单位进行了授牌。

在主旨报告阶段，义乌工商学院副校长何少庆教授作了题为《高职院校大学

生创新创业教育的实践与探索》的报告、原山东商业职业技术学院院长助理明兆凤教授作了题为《构建创新创业教育生态协同培养创新创业型人才》的报告、扬州工业职业技术学院创新创业学院副院长王盛作了题为《三年四金,扬州工业职业技术学院"互联网+"大赛指导经验分享》的报告、河南职业技术学院创业学院院长张琳作了题为《创新引领融合发展推动创新创业教育范式改革》的报告,受到了参会代表的高度评价。

最后,与会领导和嘉宾还实地参观了河南职业技术学院创客空间和大数据双创中心。

(原文载于《中国教育网》,2021年6月5日)

河南省首个骨干职教集团挂牌成立!

6月11日,省级骨干职教集团——河南机械设计制造与装备技术职业教育集团成立大会成功举办。河南省教育厅副厅长陈垠亭出席大会并讲话,河南省教育厅职成教处处长秦剑臣、副处长张家成及来自省内70所高职院校和企业代表共170人通过线下和云端参加了大会。河南职业技术学院党委书记李桂贞致辞。学校校长梅乐堂和副校长王皓分别主持集团成立大会和集团首次活动。

在成立大会上,秦剑臣宣读了河南省教育厅批准骨干职教集团成立的决定。学校副校长肖珑宣读了"集团理事长及副理事长单位名单""集团常务理事会名单""集团专业委员会名单"。河南职业技术学院为理事长单位,郑州铁路职业技术学院、河南机电职业学院和中国船舶集团有限公司第七一三研究所等19家院校和企业为副理事长单位。

省教育厅副厅长陈垠亭出席成立大会并讲话

陈垠亭在致辞中指出,产教融合、校企合作是职业教育的基本办学模式,也是办好职业教育的关键所在,我省高度重视职业教育集团化办学,积极探索和实践集团化办学模式,推动职业院校结构与产业结构精准匹配,不断促进教育链、人才链与产业链、创新链的有效衔接。他希望河南机械设计制造与装备技术职业教育集团的成立,能够肩负起培养多样化人才、传承技术技能、促进就业创业、推动创新发展的重要职责,成为实体化运作的样板间,成为产教融合、校企合作的试验田,成为提升人才培养质量的孵化机,成为职业教育高质量发展的助推器,为我省职业教育高质量发展作出新的更大贡献。

李桂贞介绍了学校基本情况和集团成立背景。她表示,作为牵头院校,河南职业技术学院将在资源共享、创新教学模式、深化多元合作等方面积极同集团成员深度合作,全面提升集团的实体性。

陈垠亭为河南机械设计制造与装备技术职业教育集团授牌

企业代表宇通教育公司总经理韩德利对集团的成立表示祝贺,分享了宇通公司产教深度融合工作的经验,并表态将为职教集团的发展献计献策,为推进校企合作,共享资源,共赢发展,服务地方贡献力量。

在集团首次活动阶段,机械工业教育发展中心主任陈晓明教授作了题为《职业教育集团实体化发展辨析》的专题报告,介绍了职教集团发展历史和政策变迁,详细解读了实体化运行的内涵与发展策略,以及装备制造领域职教集团的探索与实践,受到参会代表的高度评价。

与会领导共同参与职教集团启动仪式

与会嘉宾

据悉,组建20个骨干职教集团是"十四五"河南教育的重点工作之一,河南机械设计制造与装备技术职业教育集团是经河南省教育厅批准,河南职业技术学院为牵头单位,组建的省内第一个骨干职教集团。该职教集团成立后,将充分发挥骨干支撑、示范引领和中心辐射作用,建设紧密型产教融合、校企合作命运共同体,充分发挥集团化办学优势,实现"岗课赛证"综合育人,全面增强职业教育的办学活力,服务河南经济社会发展。

(原文载于《人民网》,2022年6月14日)

三级育训平台核心要义

一、三级育训平台的内涵

(一) 三级育训平台定义

三级育训平台是指"工匠工坊—学习工厂—协同创新中心"三级递进式培养培训实践教学体系。

1. 工匠工坊

工匠工坊是一种基于现代学徒制的人才培养模式。工匠工坊以企业真实项目为素材,以小班化授课、个性化培养、"做中学"为特色,把企业的典型基本技术技能要求、基本工艺规范、职业素养、企业文化引入,提升改造传统专项实训室,打造具备基础技术技能教学与训练功能的工匠工坊,采用新型活页式、企业工作手册式教材及配套信息化资源,综合多种新型教学方法,由企业一线工程师和学校"双师型"教师面对面对学生开展教学培训。

2. 学习工厂

学习工厂是一种教学模式,一种教学思想,不是在学校之下、教学之外再办一个附属生产工厂或者教学实习工厂,更不是在社会上划定某一个工厂为学校定点实习厂,而是把教学和生产过程紧密结合起来,将企业的先进技术、完整的生产单元引入,校企共建紧密对接生产要素、生产工艺、先进技术的集生产性、教学性为一体的学习工厂。对于教学者来讲,就是要帮助学生去搭建一个工程技术环境;对于学生来讲,就是要去学习了解掌握现有的工程技术、构造、流程、工艺,系统地培养一种工程思维和工程素养。在学习工厂中,建立了一个相对系统、复杂的教学环境和载体,将现场工程技术人员的素养要求融入其中,相比一般技能训练和实习,这是一种更具职业责任的系统性学习,为培养先进制造业准现场工程师提供条件。

3. 协同创新中心

协同创新中心是面向未来产业发展要求而进行的教学改革和创新，强调人才培养目标首先到课程体系，然后由教学内容到教学方法，再到评价的整体改革。学校不仅是知识技能传授的场所，也应是引导启发学生学习去掌握、应用技术技能解决工程问题，激活学生的思维、发掘学生的潜能、促进学生的个性发展，培养出学生的创造精神和创造能力的场所。伴随企业不断的技术进步与创新驱动，企业专家、技术人员、学校教师和学生团队，以科研及技术服务项目为纽带，共建先进制造协同创新中心，为草根创新创业埋下种子，有效突破当下"商务、营销"占据创新创业教育，创新、创业与专业教育两张皮的格局，对于专业教育与创新教育融合具有较强的实践价值。

（二）三级育训平台的发展定位

三级育训平台的发展定位在于，服务于区域经济发展，提高毕业生本地就业率；服务于本土企业的产能输出和服务输出，助力区域经济发展；服务于地方承接企业转移和企业转型升级，推动教产深度融合；服务于职业院校师资和专业建设，提升内涵质量。三级育训平台作为可复制可推广的职业教育与职业培训体系设计，将结合企业的技术的升级，同步开展职业教育和技术技能培养培训，提高当地的技术服务水平，促进企业的服务输出和产品输出。

（三）三级育训平台建设意义

由工匠工坊、学习工厂、协同创新中心构成的三级育训平台，从结构形式上看，将理论与实际、知识与能力在"三级平台"中相融合，相比单纯的理实一体更为综合；从组织形式上看，教学管理在时间上是开放的，教学实施是项目化的，教学任务是显性的，教学项目是学生、教师、企业专家多方参与，技术要素是和企业现场一致的。三级育训平台体现了教学内容对接生产过程的"真度"，职业素养培养的"硬度"，训练创新空间的"广度"，教学项目池内容的"深度"，人才培养的"效度"，一定程度上体现了中国职教理念的创新价值。

（四）三级育训平台的任务目标

三级育训平台的建设目标：为贯彻落实《国家职业教育改革实施方案》（简

称"职教20条")文件精神,积极推进"三教"改革,提高人才培养质量,根据高素质技术技能人才培养模式的总体设计,制定整体任务目标如下:

(1) 打造具有"育训并举、研创赋能"功能的教学平台;

(2) 通过项目驱动,培养具有工程思维的创新型技术技能人才;

(3) 为教师"赋能",打造高水平结构化教师教学创新团队;

(4) 建设育训结合的活页式、企业工作手册式教材;

(5) 运用多种新型教学方法,推进"教法改革"有效落地;

(6) 通过项目驱动,培养创新型技术技能人才;

(7) 实现高标准高质量就业;

(8) 为高质量服务企业转型升级提供河职范本。

(五) 三级育训平台的建设原则

1. 统筹规划原则

紧密结合区域经济社会发展需要、产业转型升级以及职业院校专业建设规划和专业群建设实际,统筹规划专业群实训基地建设。优先建设特色鲜明、基础条件好、教育教学改革力度大、能够发挥引领辐射作用、校企合作紧密、产业人才需求量大领域的"工匠工坊—学习工厂—协同创新中心"三级育训平台。

2. 坚持"政、行、企、校"共同建设原则

发挥政府的统筹、管理、督促作用,行业指导、资源整合、组织协调职能,利用企业的技术、装备、人才、信息优势,形成"政府主导、行业指导、企业参与、学校主体"多方共建三级育训平台的格局。

3. 产教融合原则

坚持产教融合、校企合作,支持和鼓励行业企业将最新设备和技术投入到实训基地,通过引企入校、"校中厂""厂中校"等校企合作方式,建立共建、共管、共享的三级育训平台。完善校企共建长效机制,推进行业企业参与人才培养全过程,使平台建设与行业企业设备水平、技术要求、工艺流程、管理规范保持同步,使三级育训平台兼具生产、教学、培训和研发、技术服务和成果孵化等功能,实现校企协同育人。

4. 工学结合原则

以三级育训平台建设为引导,加强校内生产性实训与校外顶岗实习有机衔接,创新实践教学,突出"做中学、做中教",强化平台教学项目与生产、技术服务的对接,培育和弘扬工匠精神,加强德技并修,促进学以致用、用以促学、学用相长。

5. 资源共享原则

建立示范基地开放机制,扩大三级育训平台的服务面和受益面,在区域范围内面向职业院校、行业企业和社会开放,承接行业企业任务,服务行业企业发展,最大限度地实现资源共享,将平台建设成为社会高技能人才的培养培训基地、校企合作的载体、产学研结合的平台。

6. 引领辐射原则

三级育训平台要强化优势特色,加强交流合作,积极借鉴国内外高校实训基地建设先进经验和做法,努力成为全省或全国在智能制造专业领域具有领先水平的示范性实践教学基地,充分发挥平台的辐射功能和示范引领作用,着力培养高素质技术技能人才。

7. 科学管理原则

建立健全专门的管理机构,设置专门的管理人员,制定完善的管理制度、运行机制、考核规定等三级育训平台维护与可持续发展的保障措施。建立有利于增强学生自主学习和就业创业能力、提高实践教学和职业培训质量的教学效果考核、评价和反馈机制。

(六)三级育训平台建设标准体系

1. 校企共建体制机制

三级育训平台应围绕产业转移与企业转型升级的需要,依托智能制造专业群,面向企业创新需求,选择与技术先进、管理规范、社会责任感强的规模以上企业进行深度合作,三级育训平台的校企双方需明确资源配置、成本核算、收益分配、财产管理、培养培训等方面的职责权利,形成成本分担和利益共享的共建机制;校企双方要共同制定平台的管理制度,融入企业管理理念,渗透企业管理文化,校企共同管理(表1)。

表 1　校企共建体制机制

一级指标	二级指标	三级指标	指标值
校企共建体制机制	校企合作	企业规模	工匠工坊：50 人以上中小微企业 学习工厂：中国制造业 500 强企业 协同创新中心：具有较强能力科研院所
		依托专业	智能制造专业群相关专业
		生产技术和工艺水平校企契合度	90%以上
		共建协议的责权利明晰程度	100%
	共建模式	成本分担机制	校企共同制定成本分担机制，企业投入不低于总投入的 40%
		产权明晰机制	校企共同制定产权机制
	管理机制	管理机构	工匠工坊：企业≥2 人，学校≥2 人 学习工厂：企业≥5 人，学校≥5 人 协同创新中心：企业≥2 人，学校≥2 人
		校企合作机制	人才共育共管 专业共设共建 基地共建共享 培训与技术服务共研共赢
		企业文化的融入	合作企业文化进校园

2. 基本条件

三级育训平台应具有设施齐全的场所和功能完备的设备，实训场所和设施设备的布局要与企业生产工作流程相一致，工位数量足够、企业文化浓郁，能满足"做中学、做中教"的实训教学要求，兼顾满足学生创新创业实践要求；实训基地应根据实训及生产规模，建立基地的人员配置标准，并根据标准配备校企之间自由流动的专兼结合结构化教师教学创新团队；同时，平台还应具备开展职业技能鉴定的资质、条件和开展信息化教学的基本条件。

三级育训平台基本条件一级建设标准指标包含实训场所、实训设备、实训师资、技能鉴定条件和信息化条件 5 个二级指标。实训场所设置基地面积(≥300 平方米)、辅助场地(需含通风、照明等)、设施布局、场所场景 4 个标准；实训设备设置工位数(50 以上)、人均设备值(≥5 000 元/人)、设备先进性 3 个标准；实训师资设置人数、职称、专业能力3个标准；技能鉴定条件和信息化条件在鉴定覆盖工种和与实训内容相配套的信息化资源等方面设置标准。

3. 实践教学体系

将高等职业教育人才培养链与基地生产链相融合，按照"校企协同、教产相融、育训并举、研创反哺"的原则，构建三级育训平台+项目池的实践教学体系。实践教学体系应与三级育训平台的建设模式和运行机制完美契合，具有与课程教学相融合的生产性实训项目，与生产性实训相适应的教学组织模式、教学模式和教学方法，并以企业生产过程中"生产质量控制体系"的要求和"合格产品"的数量作为考核内容和评价标准的考核评价体系，形成完整的生产性实训教学资源文件和开放共享的数字化实践教学资源。

实践教学体系一级建设标准指标设置人才培养模式改革、生产实训项目、实训教学文件以及考核和评价4个二级指标。人才培养模式改革设置产学融合途径、教学模式2个标准；生产实训项目设置生产性实训项目与专业课程体系的融合程度、实训成果的经济性2个标准；实训教学文件设置生产性实训教学文件和教学资源的规范性、完备性2个标准；考核和评价标准设置为生产性实训的考核需要符合企业生产质量控制体系。

4. 运行机制

三级育训平台的运行环境完整复制企业的真实生产环境，以企业的生产管理制度和企业生产文化为样本，建立完善的实践教学运行机制和生产运行机制，使基地生产和学生育训有效对接，提升人才培养水平，相关专业学生在就业率、就业对口率、竞赛成绩及职业资格获取比率等方面均能取得显著的成效。

三级育训平台运行机制一级建设标准指标设置有平台运行机制、实训教学运行机制、生产运行机制和培养质量4个二级指标。平台运行机制设置有管理机构人员配置、管理制度及执行情况、基地运行经费3个标准；实训教学运行机制设置生产性实训教学管理制度、运行情况、保险落实情况、评价体系4个标准；生产运行机制设置有生产管理制度、生产与实训对接、生产任务饱满度（闲置率不超过10%、完好率在90%以上）3个标准；培养质量有毕业生双证书率、技能大赛获奖数量和就业率、对口率等标准评价。

5. 社会服务能力

三级育训平台具备较强的社会服务功能，为区域内企业员工提供生产性培训服务,并将企业员工培训、社会职业培训等纳入平台服务范围;加大平台生产经营能力,提高经济效益;不断提升平台的高新技术应用和研发水平。

社会服务能力一级建设标准指标设置教育培训能力、生产经营能力和应用技术推广能力3个二级指标。教育培训能力设置基地接纳培训人天数(最低不少于1 000人/天)、指导其他院校进行实训场所和实训项目建设2个标准;生产经营能力设置基地利润和财务状况2个标准;应用技术研究和推广能力标准要求要有技术研究和推广服务的成果。

二、三级育训平台组织架构

三级育训平台组织架构如图1所示。

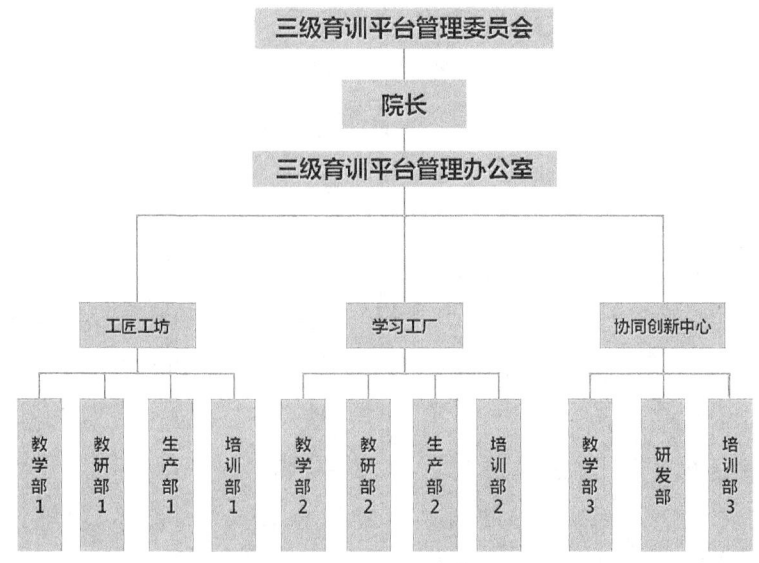

图1　三级育训平台组织架构

三、三级育训平台工作职责

"三级育训平台"是河南职业技术学院针对中原地区制造业产业转移与企业转型升级中高素质复合型技术技能人才供给不足、质量不高等问题,全面探索实施智能制造专业群实践教学改革与创新中衍生出的递进式实践教学平台。

2010年,国务院印发《关于中西部地区承接产业转移的指导意见》,格力、海尔等大型制造业相继落户河南。2016年,工信部正式批复同意郑洛新创建"中国制造2025"试点示范城市群,旨在打造中部制造业区域增长典范和转型升级新样板,对河南从人口大省变成人力资源大省提出挑战。河南职业技术学院准确把握重大战略机遇期,探索建设三级育训平台,服务产业转移与升级,培养智能制造企业急需的高素质技术技能人才。

四、三级育训平台创新研究

(一)实践教学内容迭代升级模式

高素质人才支撑与高水平应用研究,是产业高质量发展的两翼,是增强职业教育适应性的基本考量维度,要求高职院校进一步深化产教融合。作为高素质技术技能人才培养主阵地,如何破解职业教育校企合作中"人情"合作、"校热企冷"、产教"合而不深不实"等痛点,实现人才培养与区域产业企业需求耦合、课程内容与产业需求同步、科技研发与人才培养培训同向强化、校企产教资源高效流通,仍是职业教育高质量发展的关键。

河南职业技术学院智能制造专业群根植区域战略性产业集群,聚焦智能制造及其在区域产业创新与质量提升的应用,创新与实践了"育训并举、研创赋能"的融合模式,实现了精准培育高素质产业匠才与高水平服务区域产业,探索出了一条高职人才培养与产业发展同步同频的产教融合新路径,以研创成果反哺教学为目标,研发活动融入培养培训与社会服务,形成了"中心研创—成果转化—赋能育训"实践教学内容迭代升级模式,技术成果转移到工程中心联建企业,转化为企业真实产品,实现技术研发成果产业化;人才、技术标准、专利等返流到区域产业集群,实现了育训研用交互反哺资源,研用成果反哺育训支撑人才培养体系。

(二)创新模块化课程设计开发新方法

梳理岗位群、岗位核心能力,按照"企业项目→项目池→课程模块→模块化课程"的开发路径,结合技术发展趋势,融合岗位技能标准、1+X证书标准、技能大赛标准等动态调整项目池,专业群各专业根据培养目标、教学规律在项目池中选择合适项目进行组合,最终形成动态可调控的智能制造专业群模块化课程体系。

模块化课程体系开发是以实际工程项目为主线贯穿,以实践应用为主体基础,以创新能力培养为主题,以项目实践为主要载体,突出了教学类型的实践性、教育对象的参与性、教学内容的职业性、教学过程的完整性,具有教学的有效性。教学中使学生的知识和技能、方法与过程、素质与价值得到持续改善与升华,从根本上说是以学生为中心的课程体系(图2)。

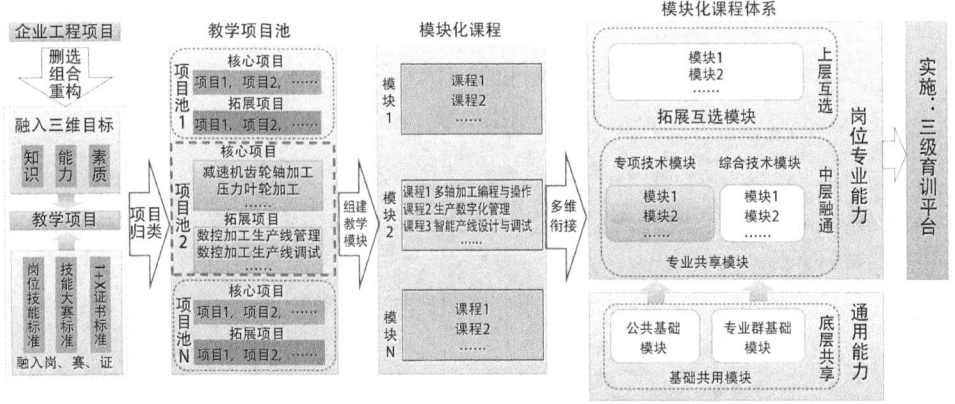

图2 模块化课程体系开发流程图

(三)创新高端智能制造人才培养培训路径

学院依托装备河南省机械设计制造与装备技术骨干职教集团、智能制造联盟,形成"基地共建、课程共用、人才共育、技术共研"的校企合作长效机制。校企协同构建服务产业转移及企业转型升级的"工匠工坊—学习工厂—协同创新中心"三级育训平台,形成三级平台+项目池的"3+N"递进式实践教学体系。按照"学徒—准现场工程师—技术能手"的人才成长路径,采用学徒式、场景化、多案例、项目式教学,实施专项技术能力、产线综合调试能力、技术创新能力的递进培养。在宏观层面上,专业群结构与产业结构同步调整;在中观层面上,校企双方深度合作升级;在微观层面上,实现工件与产品、教师与师傅、学生与学徒、科研与技服、技能积累与技术创新、培育与培训六方面统一,创新了高端智能制造人才培养培训路径。

五、三级育训平台教学区域标准设计要求

(一)"工匠工坊"教学区域设计标准

1. 场地与环境要求

(1)"工匠工坊"生均面积能满足学生独立操作的教学要求,与职业活动环

境接近。

(2)"工匠工坊"安全,无危险隐患。

(3)"工匠工坊"的通风、照明、控温、控湿等设施完好。电、水、气管道布置安全、规范。

(4)"工匠工坊"环保设施完善,包括废气、废渣、废液以及噪声的处理设施。

(5)"工匠工坊"干净整洁,育人环境良好。

(6)"工匠工坊"教学区域设置20～24工位的五边桌(六边桌),或根据专项技能培养要求设置合适的理论学习工位。

(7)教学区域应设置触控一体机,用于教师授课,或小组讨论问题展示学习效果等。

(8)根据合作企业特点,按照企业标准布置"工匠工坊"文化背景,使学习环境贴近于企业工作环境。

(9)周围布置与工坊技能相关的大国工匠案例,使学生接受工匠精神的培养。

2. "工匠工坊"管理规定

(1)不在"工匠工坊"吸烟和使用明火。

(2)保持通道畅通无阻,消防设备完好无损。

(3)定期检查"工匠工坊",及时消除安全隐患。

(4)注意用电安全。

(二)"学习工厂"教学区域设计标准

1. 场地与环境要求

(1)"学习工厂"生均面积能满足学生独立操作的教学要求,与职业活动环境接近。

(2)"学习工厂"安全,无危险隐患。

(3)"学习工厂"的通风、照明、控温、控湿等设施完好。电、水、气管道布置安全、规范。

(4)"学习工厂"环保设施完善,包括废气、废渣、废液以及噪声的处理设施。

(5)"学习工厂"干净整洁,育人环境良好。

(6)"学习工厂"教学区域设置30～36工位的五边桌(六边桌),或根据学习工厂(不同岗位/工种)综合能力培养要求设置合适的理论学习工位。

(7) 教学区域应设置触控一体机、电子看板等,用于教师授课,或小组讨论问题展示学习效果等。

(8) 根据"学习工厂"产线产品品牌,按照企业标准布置"学习工厂"文化背景,使在真实的企业环境下工作学习。

2."学习工厂"管理规定

(1) 不在"学习工厂"吸烟和使用明火。

(2) 保持通道畅通无阻,消防设备完好无损。

(3) 定期检查"学习工厂",及时消除安全隐患。

(4) 注意用电安全。

(三)"协同创新中心"教学区域设计标准

1. 场地与环境要求

(1) "协同创新中心"生均面积能满足学生独立操作的教学要求,与职业活动环境接近。

(2) "协同创新中心"安全,无危险隐患。

(3) "协同创新中心"的通风、照明、控温、控湿等设施完好。电、水、气管道布置安全、规范。

(4) "协同创新中心"环保设施完善,包括废气、废渣、废液以及噪声的处理设施。

(5) "协同创新中心"干净整洁,育人环境良好。

(6) "协同创新中心"教学区域设置10~12工位的五边桌(六边桌),或根据研发、创新能力培养要求设置合适的理论学习工位,配备相应的开发、学习软件等。

(7) 教学区域应设置触控一体机、投屏设备,用于教师带领团队研讨,或小组讨论问题展示学习效果等。

(8) 根据服务企业项目内容,按照企业标准布置"协同创新中心"文化背景,使学生身处创新企业的工作环境。

2."协同创新中心"管理规定

(1) 不在"协同创新中心"吸烟和使用明火。

(2) 保持通道畅通无阻,消防设备完好无损。

(3) 定期检查"协同创新中心",及时消除安全隐患。

(4) 注意用电安全。

六、三级育训平台培训证书管理规定

(一) 工匠工坊证书颁发条件

(1) 进入工匠工坊学习前,掌握对应的前置课程,对即将学习的专项技能做好基础准备工作。

(2) 根据专项技能要求,在工匠工坊内学习时间不少于1周/2周(30学时/60学时)。

(3) 通过学习,掌握对应的专项技能,能够独立完成工匠工坊的实际工作任务,或创新性完成提升任务。

(4) 学习期间,遵守工匠工坊各项管理规定,服从指导教师的安排,完成各项工作任务。

(5) 学习期间,没有任何安全事故,没有任何违规违纪行为,团队协作能力强。

(二) 工匠工坊证书内容要求

(1) 证书名称(×××工匠工坊证书)。

(2) 证书正文(该同学完成了对应专项技能的学习,能够独立完成相关工作任务,具备了×××专项能力)。

(3) 评价机构名称(合作企业)。

(4) 发证日期。

(5) 姓名、证件类型、证件号码。

(6) 持证人照片。

(三) 学习工厂证书颁发条件

(1) 进入学习工厂学习前,掌握自动化产线运行所需的各项专项技能,对即将学习的综合能力做好基础准备工作。

(2) 根据产线综合调试能力要求,在学习工厂内学习时间不少于2周/4周(60学时/120学时)。

(3) 通过学习,掌握产线的综合调试能力,能够独立完成学习工厂的实际工作任务,或创新性完成技术改进任务。

(4) 学习期间,遵守学习工厂各项管理规定,服从指导教师的安排,完成各项工作任务。

(5) 学习期间,没有任何安全事故,没有任何违规违纪行为,团队协作能力强。

(四) 学习工厂证书内容要求

(1) 证书名称(×××学习工厂证书)。

(2) 证书正文(该同学完成了学习工厂产线综合调试内容,能够独立完成产线调试工作任务,具备了产线综合调试能力)。

(3) 评价机构名称(合作企业)。

(4) 发证日期。

(5) 姓名、证件类型、证件号码。

(6) 持证人照片。

(五) 协同创新中心证书颁发条件

(1) 进入协同创新中心学习前,应在专业工匠工坊、学习工厂完成学习,并获得优秀等次。

(2) 根据创新创业能力要求,在协同创新中心完成不少于3个月的学习工作时间。

(3) 通过学习,掌握技术改进、技术创新、技术服务等能力,能够在团队教师的指导下帮助企业完成各项技术工作,或能够独立帮助企业完成创新性工作任务。

(4) 工作学习期间,遵守协同创新中心各项管理规定,服从指导教师的安排,完成各项工作任务。

(5) 学习期间,没有任何安全事故,没有任何违规违纪行为,团队协作能力强。

(六) 协同创新中心证书内容要求

(1) 证书名称(协同研创证书)。

(2) 证书正文(该同学完成了协同创新中心学习任务,能够独立完成企业技术服务工作,具备了创新研发能力)。

(3) 评价机构名称（河南职业技术学院智能制造学院）。

(4) 发证日期。

(5) 姓名、证件类型、证件号码。

(6) 持证人照片。

七、三级育训平台建设项目论证与评价体系

(一) 项目论证体系

1. 项目初步调研

根据企业提出的合作意向，共建"工匠工坊""学习工厂""协同创新中心"，组织专业教学团队/运营团队/服务团队，前往企业进行初步考察，并与企业沟通初步建设方案。

2. 项目二级学院论证

初步方案形成后，由二级学院组织专家及领导班子成员进行项目论证，对可行性、必要性进行分析，并对方案提出修改建议。对修改完善后的方案，报主管副校长审核。

3. 项目校级论证

经主管校长审核的方案，报学校教务处，由教务处组织校外专家对完善后的方案进行论证。

4. 项目签订合作协议

根据最终的方案论证结果，校企双方针对合作项目签订合作协议。

(二) 项目评价体系

1. 项目分类

项目评价的第一步是将项目分类进行管理，主要是根据不同类别的项目目的、流程及开展方式等特点差异化地实行不同的评价方式，体现评价体系的横向公平性。

确保项目体系的全面覆盖，结合项目的具体情况，规定统一的或者差异化的项目分级评价标准，设计具体的应用方式。

2. 项目分级

项目评价的第二步是将同类或可比性强的项目按照统一标准进行项目级别

划分，通过设计统一多维度和标准的规则，区分该类项目对于组织的价值差异，保证同类项目进行评价时的纵向层次性，以确保后续评价的公平性。

在进行项目分级时，可以从项目成效、难易度和复杂度三方面综合考量，可以采取设置权重进行打分的方式，根据分数结果将项目分为不同级别。

3. 项目评价

做好项目分类和项目分级的基础工作后，需要对项目评价进行设计，项目评价一般建议从项目前、中、后期三个阶段进行评价，避免只从项目结果进行评价的片面性，在保证评价全面公平性的同时，对项目也可起到过程控制的作用。

项目前评价一般从可行性方面进行评价，项目中、后期评价一般从进度、成本和质量等方面进行评价，可根据业务实际进行指标设计。

4. 项目成员评价

项目评价的对象最终要细化到项目成员，在项目评价结果的基础上，对项目成员进行多维度的评价，综合得到该项目成员的评价结果。

项目成员评价除了重点考虑个人执行绩效外，同时需要辅以团队协作的评价指标，项目成员在进行个人工作时考虑团队工作的完成情况。在指标的选取方面，我们建议既要有可量化的经济指标，也要设置适量的能力、态度等非量化指标，保证项目成员评价的全面性。

5. 项目激励应用

项目评价结果可以通过项目激励进行落地。根据不同角色成员的评价结果，对项目奖金进行分配，实现项目评价的最终落地。

八、三级育训平台申办条件和设立程序

(一)"工匠工坊"申办条件与设立程序

1. 申办条件

"工匠工坊"是指融合企业岗位技术技能标准、工艺规范、职业素养、企业文化，校企双方合作在学校/企业成立的专项技能培训培养实训室。申办应符合以下条件：

(1) 申请教研室应与具有独立企业法人资质的企业，根据双方合作意愿，共同提出申请。

(2) 依托至少 1 项企业的生产项目，针对学生专项技能进行培养，有至少

1名企业技术专家定期开展该专项技能的提升培训。

（3）具备能够开展生产项目的场地（原则上不少于100平方米）、较为完善的基础设施、健全的管理制度、专职的管理人员和开展生产必需的条件。

（4）吸纳就业广泛，围绕当地产业人才需求，大力开发就业岗位，培养培训专项技能。

（5）工坊负责人优秀。工坊负责人责任感强，诚实守信，能够支撑工坊的技能需求，具有良好的沟通能力。

（6）引入现代管理制度和方式，引入当地知名特色企业，工坊技能要求独特，生产力和市场竞争力较强。

2. 设立程序

智能制造学院对符合申报条件的"工匠工坊"进行初审确定后，向学校推荐申报。

（1）填写"工匠工坊"申报书。

（2）提供其他有助于说明申报单位在"工匠工坊"建设方面具有典型、示范意义的辅助材料。

（3）经学校审定，同意建设后，校企共同拟定"工匠工坊"建设方案，并经专家论证。

（4）各级领导签字审批完成后，校企双方签订合作协议。

（二）"学习工厂"申办条件与设立程序

1. 申办条件

"学习工厂"是引入企业完整生产单元，将精益生产融入教学过程，构建真实工程实践场景，校企双方合作在学校/企业成立的产线综合调试能力的实训场所。申办应符合以下条件：

（1）合作企业应具有独立的企业法人资质，根据双方合作意愿，共同提出申请。

（2）依托至少1条企业的实际生产线，针对学生综合能力进行培养，企业至少派出符合产线运行数量的技术专家指导"学习工厂"负责教师完全掌握产线的运行。

（3）具备能够开展实际企业生产的场地（原则上不少于500平方米）、较为完善的基础设施、健全的管理制度、专职的管理人员和开展生产必需的条件。

（4）吸纳就业广泛。围绕当地产业人才需求，大力开发就业岗位，培养培训产线运行与调试人员。

（5）"学习工厂"负责人优秀。负责人责任感强，诚实守信，能够支撑工厂的运行维护，具有良好的沟通能力。

（6）引入现代管理制度和方式，引入全国知名企业，体现综合能力，生产力和市场竞争力较强。

2．设立程序

智能制造学院对符合申报条件的"学习工厂"进行初审确定后，向学校推荐申报。

（1）填写"学习工厂"申报书。

（2）提供其他有助于说明申报单位在"学习工厂"建设方面具有典型、示范意义的辅助材料。

（3）经学校审定，同意建设后，校企共同拟定"学习工厂"建设方案，并经专家论证。

（4）各级领导签字审批完成后，校企双方签订合作协议。

（三）"协同创新中心"申办条件与设立程序

1．申办条件

"协同创新中心"是承接企业技术服务项目，吸引优秀学生参与企业技术革新，创新团队指导教师在学校成立的提升学生横向技术服务能力的实训场所。申办应符合以下条件：

（1）企业应根据企业技术服务需求提出要求，根据双方合作意愿，共同提出申请。

（2）依托至少1个企业技术研发项目，针对学生创新服务能力进行培养，企业至少派出1名技术专家与团队负责教师一同完成学生横向技术服务的培养。

（3）具备能够开展技术服务的场地（原则上不少于100平方米）、较为完善的基础设施、健全的管理制度、专职的管理人员和开展生产必需的条件。

（4）吸纳就业广泛。围绕当地产业人才需求，大力开发就业岗位，培养培训横向技术服务人员。

（5）各技术团队负责人优秀。负责人责任感强，诚实守信，能够支撑企业横向技术服务，具有良好的沟通能力。

（6）引入现代管理制度和方式，引入全国知名企业，体现综合能力，生产力和市场竞争力较强。

2. 设立程序

智能制造学院对符合申报条件的"协同创新中心"进行初审确定后，向学校推荐申报。

（1）填写"协同创新中心"申报书。

（2）提供其他有助于说明申报单位在"协同创新中心"建设方面具有典型、示范意义的辅助材料。

（3）经学校审定，同意建设后，校企共同拟定"协同创新中心"横向技术服务方案，并经专家论证。

（4）各级领导签字审批完成后，校企双方签订合作协议。

九、三级育训"云平台"建设内容

（一）管理平台

系统管理模块只对系统管理员开放，可以对"云平台"进行权限管理、职务管理、用户管理、授权中心管理等系统必要的维护管理操作。在系统创建伊始，要完成系统权限的添加，角色的设定，指定某个角色能完成哪些功能。对用户登录的管理，比如用户名和密码的更改；对所有用户进行赋予角色及其所操作的数据范围。相当于对整个数字平台系统的动态功能按钮的操控进行设置。

系统管理重要功能点描述如下：

（1）权限管理：对不同用户登录系统权限和使用模块功能权限进行设置，指定某个角色能完成哪些功能。

（2）职位管理：设置职位信息，对不同职位使用模块功能权限进行管理。

（3）用户管理：对使用系统的所有用户信息进行管理，包括对教师用户、学生用户以及外部用户的信息进行维护。保证数据安全。

（4）授权中心：对教师、学生使用系统中的权限范围进行设置，使权限的范围划分更加灵活。

(二) 教学平台

需要建设统一的教育教学服务平台,提升对三级育训平台核心业务教学的服务和支持平台。

(1) 选择与报名系统。

(2) 育训时间安排系统。

(3) 育训服务准备系统。

(三) 校企对接平台

校企合作对接平台旨在有效地实现校企双方资源优势互补。一方面是强化供需信息交流,提升院校人才培养定位;另一方面是实现实质性合作,各单位可根据自身需求,提出合作意向。

(1) 企业信息等级系统。

(2) 智能制造学院各部门联系方式。

(3) 合作资料下载页面。

(四) 资源平台

学校在教育教学和管理方面积累了丰富的经验,对教育教学资源进行有效管理和整合,也是"云平台"的关键环节。建立教育教学资源整合的管理体制和激励机制,建立教育教学资源共享平台,有效地支撑学校教育教学工作,并作为学校知识管理、知识沉淀的平台。

(1) 资源上传系统。

(2) 在线编辑系统。

(3) 在线资源制作系统。

(五) 测评系统

测评系统,通过测评教师的设置,完成对学生各级育训平台能力的测评与知识的测评,对学生做出客观评价。

(1) 进行测评安排的设置,创建测评,设置测评信息。

(2) 支持复用功能,重复调用原有测评内容。

(3) 安排考生、考场、监考、录分人等操作。

(4) 学校领导、老师、学生查看测评相关的信息。

(六) 云数据资源中心

平台中各方系统都遵从统一的数据标准进行跨系统数据存取访问，各项数据应该有唯一的数据提供方，以保证数据的统一性、权威性和准确性。平台应该提供完善的数据访问控制策略，约束各系统按照统一的标准和协议进行可控的数据交换，形成校级的数据中心。

为了保证数据交换过程的准确性和安全性，平台数据中心的相关服务应该支持不同形式的数据交换方式，比如常见的请求/应答形式、发布/订阅形式等，并且为保证系统离线数据不丢失，应该以先进的技术实现数据的离线缓存功能，当数据接收方上线唤醒后能正常进行数据接收操作。

数据是学校信息化的直接产物，其安全性和重要性无与伦比，数据中心应在数据传输过程中提供充分的安全保障，应实现证书认证、信息加密、数据生产消费代理、数据请求身份认证等有效措施。

十、三级育训平台数字媒体服务内容

(一) 三级育训平台官方门户网站

三级育训平台官方门户网站隶属于智能制造学院，设置在智能制造学院主页。门户架构应该遵从统一入口和统一出口的原则，学校用户可以通过一个URL地址登录，统一注销。

三级育训平台官方门户网站是用户的业务开展入口，应该在设计上保证充分的优越性，既要体现学校综合管理的一致性，也要预留充足的用户个性定制空间。在设计风格上，引入先进的设计理念(如 Web OS 设计风格)，以简单、高效、直观等设计理念为主，充分考虑教育行业特色和校园文化，给用户展示一个美观、不易疲劳的门户界面。

考虑到长期使用带来的审美疲劳感，"三级育训平台"官方门户网站应该向用户开放足够的主题自定义功能，可以灵活地切换页面展现元素，如壁纸、系统主题等。

三级育训平台官方门户网站还应该具备良好的支持国际化双语功能，为外籍师生提供中英文语言切换服务，展示学校平台先进的设计模式和开放的国际化理念。

此外，三级育训平台官方门户网站应该提供给学校管理员足够的管理权限，能够对门户行为进行统一管理和约束。

(二) 信息公众号"三级育训平台"微信公众号

建立"三级育训平台"微信公众号,设置为服务号。

服务号和普通用户聊天一样会有一个独立窗口,并且提供了各类 API 用户连接能力,比如模板消息、微信支付、获取用户消息等的功能。当然,要拥有这些 API 能力,服务号还必须经过微信的企业认证。完成方式就是在微信服务号上进行申请认证,只有完成认证的服务号才具有 API 能力。

(三) 网络媒体支持

(1) 利用网络,开展网络媒体推广。

(2) 建立网络媒体团队,开展相关宣传。

(3) 建设专业团队,做好网络营销宣传。

(4) 术业有专攻,专业的事情交给专业的人去做。

(四) 课程资源开发制作

与格力电器集团股份有限公司、海尔集团股份有限公司、郑州煤矿机械股份有限公司、富士康等公司合作开发企业工作手册式教材,开发智能制造专业群工业机器人应用、多轴加工技术等网络教学资源、微课、仿真系统虚拟实训等。

整合专业资源,聚集企业优势资源,与格力电器共建格力智能制造学习工厂,以"校中厂"形式搭建气缸、法兰生产两条智能化产线;与海尔集团共建海尔智能制造学习工厂,以"厂中校"形式搭建空调外机电控设备智能化产线。共同建设对应课程与教材资源。

十一、三级育训平台建设项目监控和评价指标体系

智能制造学院为学院首批三级育训平台项目建设管理的执行层和操作层。项目成果逐渐在学院各个二级学院推广应用,引领辐射其他院校。

主管校领导对项目管理组的项目管理进行正常的监督、检查和考评,有利于提高建设项目管理水平,保证培养培训效果。

(1) 对项目管理组月度工作,每月进行一次专项检查,每月的专项检查结果是半年综合检查的重要依据之一。

(2) 每半年依据本检查办法对项目管理组的管理工作进行一次综合检查,

每半年的综合检查结果是年度综合检查及考评的重要依据之一。

（3）每年度依据本检查办法对项目管理组的管理工作及年度目标完成情况进行一次综合检查及考评。

（4）项目实施阶段结束后，依据本检查办法对项目管理组的管理工作及项目目标完成情况进行一次综合检查及考评，每年度的综合检查及考评结果是项目综合检查及考评的重要依据之一。

（5）每次组织对项目管理组工作检查后，均应出具书面检查通报，经主管领导批准后下发项目管理组执行，检查发现重大问题应报大领导。

（6）检查通报应详细阐明检查内容及检查结果，对存在的问题应提出明确的整改要求及期限。

（7）对检查通报中提出的问题及整改要求，项目管理组应认真落实、整改，并应及时将整改结果备案。

（8）跟踪检查，确保检查发现的问题得到及时整改、解决。

十二、三级育训平台校企合作章程

《河南职业技术学院三级育训平台校企合作章程》

第一章 总 则

河南职业技术学院（甲方）与××××××公司（乙方），合作建立河南职业技术学院×××"工匠工坊"/"学习工厂"/"协同创新中心"（简称"合作机构"），特制定本章程。

合作机构名称及地址

中文名称：河南职业技术学院×××"工匠工坊"/"学习工厂"/"协同创新中心"

地址：郑州市郑东新区龙子湖高校园区平安大道

甲乙双方名称、注册地址

甲方：河南职业技术学院

地址：郑州市郑东新区龙子湖高校园区平安大道210号

乙方：××××××

地址：××××××

合作机构是甲、乙双方共同举办的不具有法人资格的校企合作机构。河南职业技术学院对该机构有监督、监管的义务。双方共同设立联合管理委员会,实行联合管理委员会领导下的院长负责制。

合作机构遵守中国的法律、法规,贯彻中国的教育方针,符合中国的公共道德,不损害中国的国家主权、安全和社会公共利益。要符合中国教育事业发展的需要,保证教育教学质量。

第二章 办学宗旨及形式

办学宗旨是促进甲乙双方教育合作与交流,引进企业先进办学理念、教学体系,培养符合我国智能制造行业发展所需要的高端技术人才,同时具备创新意识、创新能力和实际工作能力的高素质应用型、技能型复合人才。

办学形式为全日制,课程授课由校企双方教师共同实施,其中公共基础课、专业基础课由校方授课,公共管理课教学由企业负责,专业技术课程由双方教师共同完成。

第三章 管理机构

合作机构设立联合管理委员会,联合管理委员会由五人组成,其中甲方三人,乙方二人,联合管理委员会设主任、副主任各一名。主任由甲方委派,副主任由乙方委派。

联合管理委员会成员由双方代表、校长及主要管理人员、教职工代表组成,其中1/3以上人员应具有5年以上教育、教学经验。

联合管理委员会成员每届任期三年。联合管理委员会换届时,新一届联合管理委员会成员由双方协商人选、各自委派。如一方组成人员脱离合作机构有关工作岗位,其联合管理委员会成员身份和职务则自动免除。如一方组成人员缺额,可根据工作需要委派合适人员补充缺额。

联合管理委员会主要职权如下:

决定联合管理委员会成员的组成、调整和任期;

聘任、解聘院长或主要行政负责人;

修改章程,制定规章制度及联合管理委员会的议事规则;

制定合作办学的发展规划,批准年度工作计划;

筹集办学经费,审核预算、决算;

决定教职工的编制定额和工资标准；

决定中外合作办学机构的分立、合并、终止；

决定其他重大事项。

联合管理委员会主要议事规则如下：

联合管理委员会会议每学期召开一次，遇特殊情况可随时召开；

召开联合管理委员会会议由主任主持，主任也可委托副主任主持；

会议内容应提前告示，加强沟通，会前做好充分准备；

会议主要以民主协商的方式决定各重要事项，如遇重大事项（如聘任、解聘院长；修改章程；制定发展规划；决定中外合作办学机构分立、合并、终止等），应当经 2/3 以上组成人员同意方可通过。

联合管理委员会决定的重大事项以会议纪要或文件形式记载并归档。

合作机构实行联合管理委员会领导下的院长负责制。设院长一人，由甲方人员出任；设副院长一人，由乙方人员出任。同时根据需要，双方选派合适人选担任教学、行政等其他管理岗位职务。

院长在联合管理委员会领导下负责合作机构全面工作，执行联合管理委员会的决定。把握办学方向和宗旨，组织双方管理人员，实施发展计划，拟定年度工作计划、财务预算和合作机构规章制度；聘任和解聘合作机构工作人员，实施奖惩；组织教育教学、科研活动，保证教学质量；落实合作机构发展目标及联合管理委员会的其他授权。

副院长协助院长做好合作机构招生政策的制定、招生工作的实施、行政、教学、日常管理及外交管理等日常工作，协调各有关方面的关系。

双方选派一定管理人员协助院长和副院长分别做好各项具体招生、教学、管理和学生等工作。

第四章　民主管理及监督形式

合作机构通过联合管理委员会，对重大问题实行民主决策。

联合管理委员会监督合作机构的日常运营管理。

建立院长办公会制度。合作机构双方管理人员每周通过办公会，沟通、协商并解决日常办学中遇到的问题，同时实行互相监督。

建立教学委员会。由双方管理人员、教学部门负责人组成，负责制订和修改教学计划,组织教学检查,监督教学秩序和质量,解决教学中的重要问题。

建立学生投诉制度。合作机构学生管理部门负责接待学生的教学投诉,并定期发放调查问卷征求学生对教学的意见,院长办公会应及时听取学生意见,并解决其反映的问题。

第五章 教 学 管 理

合作机构教学管理工作由双方管理人员共同组织实施。教学计划由双方商定,甲方课程由甲方教师教学,乙方公共管理课程由乙方教师教学。教学考核由本院双方管理人员共同执行。

合作机构所招收学员的学籍管理工作,由甲方按照校方要求进行统一学籍管理。

合作机构统招合格毕业生将获甲方高等职业专科毕业证,同时获乙方职业技能相应序列证书。

第六章 附 则

本章程的修改,可由任何一方提出修改意见,经过联合管理委员会讨论通过。本章程解释权归联合管理委员会。

合作机构的名称、层次、类别的变更,由联合管理委员会报审批机关批准。

根据《中华人民共和国中外合作办学条例》规定,有下列情形之一的,本机构应当终止:

有一方提出终止,经联合管理委员会讨论同意的;

被吊销合作办学许可证的;

因资不抵债无法继续办学,并经审批机关批准的。

本机构终止办学,应妥善安置在校学生。报审批机构审批时,应同时提交妥善安置在校学生的方案。

本章程正式文本一式贰份,双方各执壹份备存。

本章程自联合管理委员会通过之日起生效,有效期与合作期限相同。

基于三级育训平台的培训体系构建方案

一、背景及意义

企业职工教育培训是提升企业人力资本素质、提高产业能力与核心竞争力的基础性工作,是企业生产力生成的重要形式,也是我国继续教育的重要组成部分和现代职业教育的重要内容。

(一)我国经济发展新常态对人才培养提出新要求

近年来,我国经济发展新常态坚持"稳增长、转方式、调结构、增动力",国家实施创新驱动发展战略,实施"中国制造 2025"计划、"互联网+"行动计划等重大举措,以及"一带一路"等国家区域战略发展重点项目,推动人才、资本、技术、信息快速流动,创新创业成为全民口号并蓬勃发展,人际联络日益紧密,促进了经济发展方式的深刻转换,成为我国增强核心竞争力、走向世界强国的强大动力。企业是我国经济发展的主要载体和创新主体,在国家顶层设计蓝图中,发挥着基层创举、群众创新的重大作用,体现着基层的力量、职工群众的力量、实践的力量。

创新驱动发展战略的本质是人才驱动。快速变化的市场经济和层出不穷的新领域、新产业、新业态,要求企业必须适应快速变化的环境和人才迅速成长的要求,大力培养具有创新精神和企业家精神、有全球性视野和国际竞争力的领军型人才,培养具有新的知识结构、新的能力和价值观、能够解决中国企业特有问题的专业人才,培养数以千万计的高技术技能型人才,培养跨专业领域、适应多种岗位需要的复合型人才。

新形势对人才培养的新需求,以及先进的教育技术、教育手段不断涌现,对现有职工教育培训模式提出了新要求。一是新的工作岗位加速出现,陈旧技术岗位快速消失,职工岗位变动频率加快,职工教育培训应能够快速地适应不断变化的人才培养需要。二是岗位新技术含量迅速增加,产品升级换代不断加快,企业推进治理结构改革,职工教育培训应实时调整内容,适应技术技能不断提高和组织管理创新的需要。三是企业走出国门,职工教育培训应国际化,向国际标准靠拢,加强跨国际的文化、政治、法律、贸易、金融、基础设施建设等方面人才的培养。与此同时,企业职工教育培训也面临着人才短缺状况没有根本改变、农民工和小微企业职工培训需求巨大、企业职工教育培训自身的诸多问题亟待解决等严峻挑战。

(二) 党和国家高度重视和大力发展企业职工教育培训

党和国家高度重视和大力发展企业职工教育培训工作,习近平总书记提出要"大力培育支撑中国制造、中国创造的高技能人才队伍"等一系列指示,《国务院关于加快发展现代职业教育的决定》《国家中长期教育改革和发展规划纲要(2010—2020年)》及党的十八届五中全会等都明确提出要积极发展多种形式的继续教育,推行终身职业技能培训制度,畅通继续教育和终身学习通道等任务,为我国企业职工教育培训发展指明了方向。

各级政府和教育部门认真贯彻落实党和国家的方针政策,强化职工教育培训在行业企业工作全局中的重要作用,将企业职工教育培训纳入发展规划和年度重点工作,在制定经济社会规划、促进经济转型、调整经济结构,以及推进教育立法,贯彻实施《成人教育培训组织服务通则》(GB/T 28915—2012)、《成人教育培训服务术语》(GB/T 28913—2012)、《成人教育培训工作者服务能力评价》(GB/T 28914—2012)成人教育培训服务三项国家标准,开展现代学徒制试点工作,建设学习型社会,组织开展"全民终身学习活动周"等各项工作中,普遍把行业企业职工教育培训摆在更加重要位置,有效推动了企业职工教育培训的发展。

(三) 教育培训体系不断完善促进企业职工队伍整体素质明显提高

新形势下,企业职工教育培训机构不断增加,目前20多万个内设培训机构,连同全国2 700多所各类高等院校(含开放大学)、万余所中等职业学校、10万多所教育部门举办的各类成人院校,10万多家社会培训机构,紧贴企业需求,深化体制改革,创新教学模式,教育培训功能不断丰富,教育培训体系不断完善;其承担着全国年均约1亿人次、年均全员培训率约57%的企业职工教育培训重任，成为我国教育体系的重要组成部分，为企业人力资源建设和企业改革发展、促进社会主义现代化建设做出了不可替代的突出贡献。

企业职工教育培训课程体系逐步形成，突破了注重知识点培训的旧框架，与企业的生产部门、治理结构及岗位能力标准相衔接，与国家职业资格标准相衔接，与"学分银行"等学分转换标准相衔接。新的课程体系进一步完善，推动了企业职工教育培训与各级各类教育之间的互通和衔接，为员工的学习深造和成才提供了多种便捷途径，对我国教育立交桥的建立发挥了重要的促进作用。新形势下，企业职工教育培训将承载更多功能，除开展企业普通培训外，将承担企业更多的技术更新、技术发明、产品研发等重要任务。企业职工教育培训中心或企业大学，不再只是一个学习培训场所，而是一个集科研与教育为一体的机构，直接参与企业技术更新与产品研发，参与企业技术的新发展；企业将突破本企业业务局限，学习产业链中上下游企业的知识和技术；更多教育培训机构还将参与企业发展战略的顶层设计。

（四）"互联网＋"推动职工教育培训的供给侧结构性改革

行业企业普遍将网络技术及数字化手段引入职工教育培训，形成了从管理到教学、从学员到老师、从课堂到云端、从城市到山区、从理论到实操、从线下到线上、从静止到移动的空中立体数字化网络教育培训体系，涌现出了远程网络培训、云端课堂、直播课堂、移动学习、微课堂、培训电影院、网络考试与视频监考、数字图书馆与移动图书柜等崭新培训方式，呈现出投资少、建设快、效益高、维护方便、有效解决工学矛盾等鲜明特点和优势，对企业实现教育培训目标、促进人力资源开发，发挥着越来越重要的作用。

2015年国务院印发《关于积极推进"互联网＋"行动的指导意见》提出探索新型教育服务供给方式等新兴服务。"互联网＋"教育培训将从企业职工教育培训的实际出发，增强针对性，进一步采用多种"O2O"教育模式，创新课程体系、实训体系、考试体系、师资体系、软件体系等，研发相关软件产品，为学员提供优质资源和优质教育培训服务，使之成为教育培训供给侧结构性改革的重要着力点和亮点。

二、河南职业技术学院企业培训体系简介

河南职业技术学院始终贯彻"以人为本"的培训思路，校企合作建立"一核

心、三体系、三模式"河职企业培训体系架构(图1),为企业转型升级提供人才支撑,保证企业高速稳定发展。

河南职业技术学院培训体系架构

培训流程	企业需求	选择培训模式	选择培训模块	实施培训	培训测评	总结优化
员工成长 企业发展驱动	领导力发展 专业力提升 职业力打造 职业资格 员工技能大赛 企业文化	标准模块式 菜单式 定制式	工匠工坊专项技能提升模块 学习工厂产线管理技术模块 协同创新中心创新能力提升模块	互联网+理论培训 互联网+技能训练 互联网+行动学习 互联网+复盘演练 互联网+岗位实践 互联网+答辩验证	学习平台测评: 人岗匹配报告 任职测评报告 培训效果报告	总结反思 优化培训

一核心:以服务企业发展战略为核心

三体系:特色培训课程体系、培训师队伍体系、培训测评及制度体系

进阶式培训三实体:工匠工坊、学习工厂、协同创新中心

工匠工坊（学校实训教师 / 企业技术能手）

数控加工技能	模具设计与制造	工业软件操作	机器人焊接技能	多轴加工技能
数控机床装调与维修	智能产线仿真	工控与网络调试	液气压技术	逆向工程

培养专项技能能力

学习工厂（学校专业教师 / 企业产线工程师）

生产调度	立体库操作与运维	产线运行与维护	产线设计与搭建	机器人操作与运维
安全管理	虚拟调试	大数据管理	AGV应用技术与实践	物联网管理

培养产线综合调试能力

协同创新中心（学校创新创业导师 / 校外专家）

项目管理	精益管理	团队激活	职业发展	企业发展
技术研发	工艺优化	创新思维	领导力	创业训练

引入海尔大学理念,培养"创业、创新"能力

三模式——标准模块式、菜单式、定制式

标准模块式	菜单式	定制式
20个工匠工坊模块 10个学习工厂模块 12个协同创新模块	依据企业需求组合现有模块 主题任务+岗位辅导 实战研讨+成果汇报	依据企业需求定制模块 模块设计还原实际工作 全程跟进在岗实践+自主学习

图1 学院企业培训体系构成

三、服务企业发展战略为核心

河南职业技术学院组建校企培训管理团队，对省内外制造型企业进行调研，建立与企业发展战略相适应、相协调，服务于企业战略的企业战略导向培训体系。根据企业总体战略来制定人力资源发展战略，在此基础上制定员工培训体系。具体包括：培训需求分析、培训计划制订，培训计划实施与培训效果评估四个方面。

（一）培训需求分析

培训需求分析是整个培训工作流程的出发点，是确定培训目标、指定培训计划、设计培训课程的前提。根据培训需求的理论框架，培训需求分析分为企业战略分析、任务分析与人员分析三个方面。

1. 对企业战略需求进行分析

通过对组织的外部环境、内部氛围进行分析，培训计划与企业发展战略相结合，确定培训重点，量身定做符合企业持续发展要求的高效培训体系。

2. 对培训任务进行分析

确定各个工作岗位的员工达到理想的工作业绩所必须掌握的技能和能力。系统收集反映工作特征的数据，包括职位说明书、工作规范、服务质量报告和客户反映等重要的信息，把对这些信息进行的整理、分析结果，作为确定员工达到要求所必须掌握的知识、技术和态度的依据。

3. 对培训人员进行分析

将员工目前的实际工作能力与达到企业工作业绩标准所需的理想素质要求进行比较，找出差距。人员层次分析的培训需求是为了评估未来培训的需要和将来评价培训的效果。

（二）培训计划制订

培训计划是对培训的目的、目标、对象、项目、组织者、方式、方法等进行预先规划设计。在进行完备和详尽的培训需求分析之后，对得到的众多信息按一定的要求进行筛选、整理，并制订合理详细的培训计划。

（三）培训计划实施

为保证培训计划如期保质保量完成，须完成以下两方面工作。

1. 明确责任

在实施的过程中，成立培训管理团队，确定管理职能，设置培训项目责任人，一企一案制定培训制度来督导计划、项目按期执行。

2. 选择合适的培训方法

培训方法是指为了有效地实现培训目标而采用的手段和方法，培训方法须与培训需求、培训课程、培训对象等要素相适应，针对不同对象设计不同的培训要求和目标。在培训中，应设置不同课程、采用多种培训方式。

(四) 培训效果评估

企业培训效果评估运用美国学者柯克帕特里克提出的培训效果四级评估评价模型。

第一层，评估反应层。考核学员对培训讲师的看法、培训内容是否合适等。通过设计问卷调查表的形式进行。

第二层，评估学习层。检查学员通过培训掌握了多少知识和技能。通过书面考试或撰写学习心得报告的形式进行检查。

第三层，评估行为层。学员通过培训是否将掌握的知识和技能应用到工作中，提高工作绩效。通过绩效考核方式进行。

第四层，评估结果层。通过培训是否对企业的经营结果产生影响。结果层评估内容是一个企业组织培训的最终目的，也是培训评估最大的难点。

培训评估在培训体系中占有非常重要的地位，通过评估反馈得到的信息，找出问题所在并不断调整培训工作的各个环节，使培训与企业目标在动态过程中逐步趋于一致。

四、进阶式培训实体

河南职业技术学院建立"工匠工坊—学习工厂—协同创新中心"三级育训平台，平台可实现校内学生实训和校外企业员工培训双重功能。

(一) 工匠工坊

将企业的典型基本技术技能要求、基本工艺规范、职业素养、企业文化引入，提升改造传统专项实训室，打造具备基础技术技能教学与训练功能的工匠工坊。培训中要求教师具备企业工程能力、教学内容使用企业工程案例、教学过程含有企业工程属性、教学现场符合企业工程环境。工匠工坊可提供企业员工专业技能培训,为企业培训一线技术工人。

(二)学习工厂

把教学和生产过程紧密结合起来,将企业的先进技术、完整的生产单元引入,校企共建紧密对接生产要素、生产工艺、先进技术的集生产性、教学性为一体的学习工厂。对于教学者来讲,就是要帮助学生去搭建一个工程技术环境;对于学员来讲,就是要去学习了解掌握现有的工程技术、构造、流程、工艺,系统地培养一种工程思维和工程素养。在学习工厂中,建立一个相对系统、复杂的教学环境和载体,将现场工程技术人员的素养要求融入其中,相比一般技能训练和实习是一种更具职业责任的系统性学习。学习工厂可满足企业员工的技术工艺培训需求,为企业培训准现场工程师。

(三)协同创新中心

协同创新中心是引导启发学员掌握、应用技术技能解决工程问题,激活学员的思维、发掘学生的潜能、促进学生的个性发展,培养出学员的创造精神和创造能力的场所。伴随企业不断的技术进步与创新驱动,企业专家、技术人员、学校教师、优秀学生组建成协同创新中心培训师团队,以科研及技术服务项目、创新项目、企业管理项目为纽带进行教学,提高企业员工的创新能力,为企业培训技术能手或管理人才等。

五、培训师队伍体系

(一)建设企业培训师的前提条件和基础

在企业不同的发展阶段,对于培训的方式和主体,应有不同的侧重。企业发展初期的重点在于提高创业者的营销公关能力以及客户沟通能力。而在发展期,重点在于加快培养中层管理人员,以给企业的未来发展做好储备。企业在成熟期,已经完成了规模扩张,成为行业内的主要竞争者。处于成熟期的企业,管理上也已经较为成熟,已经能够定期对各种人才队伍进行培训,师资需求量大,对拥有理论基础和丰富实践经验的培训师需求更为迫切,成熟期企业大量的人才能满足此种需求,同时也拥有培训师队伍的管理能力。

(二) 培训师队伍建设规划

企业培训师队伍建设的规划是培训规划中的一个部分,根据公司发展战略,确定人才发展规划,进而确定培训师队伍的发展目标、策略以及实施方案。培训师队伍建设规划主要包括:培训师队伍建设的目标;培训师需求与供给分析;培训师队伍建设实施步骤;培训师队伍建设实施方案;培训师队伍建设评估措施。

(三) 培训师选拔

1. 选拔标准

培训师优先从有一定的从业年限,在某一领域具有深厚的专业积累,且业绩表现优秀、品行端正的学校教师和企业员工中选拔。此外,要成为培训师的候选人,首先要热衷于培训师这一职业,并且愿意承担作为培训师的责任。其次,有良好的业绩表现和行为态度表现。最后,有作为培训师的良好潜质,包括:①有权威性的专业能力、专业经验;②有优秀的演讲表达能力和职业素养;③有开发课程的丰富经验或较强的课程开发能力;④在实际工作中已经有较为丰富的培训师经验。只要具备以上的一种潜质,就可作为培训师候选人。

2. 选拔程序

(1) 发布标准。培训师的选拔由学校和企业人力资源部门共同组织,事先发布培训师的选拔标准,并将培训师的任职资格、需承担的职责、激励措施以及管理方法同时予以发布,使培训师明确标准,并借此建立建设培训师队伍的舆论氛围。

(2) 个人自荐及单位推荐。个人自荐在于发现其担当培训师的兴趣,学校或企业推荐则在于对其担当培训师的支持,并对其是否符合选拔条件进行初步审核。

(3) 评估审核。对于符合选拔标准,同时符合任职资格者可直接进入培训师队伍;对于有相应潜质但暂不符合任职资格者,可进入培训师训练营,进行培训提高,或者通过实践训练再行评估。

3. 选拔方法

培训师的选拔首先应基于选拔标准,再基于任职资格。其选拔一般采取信息集成评估、360°考评、专家面试等方法。

(四) 企业培训师的评估认证

1. 建立可执行的评估标准

企业培训师的评估认证,其内容不仅包括对培训师人员进行选拔评估确认,而且包括能力分级评估确认。评估标准主要来自任职资格,并将任职资格转化为可量化、可分级评估的标准。培训师的任职资格主要包括在知识、经验、课程开发设计、授课能力四个方面达到一定的标准。例如,根据素质和能力进行区分,将培训师分为四个等级,并在任职资格的四个要求基础上分别对四个等级予以定义和评分范围界定。假设认证评估中的总分最高得分标准为 100 分,在对等级进行定义和界定后,需要对任职资格的几个方面建立评分细则,并对每个方面设置相应的权重。在对各个方面进行评分的细化之后,即可进入评估操作阶段。

2. 评估

评估可根据企业需求和实际状况进行,可组成评审委员会,直接按照评分标准对候选人进行综合评估,也可结合基准比照、专家评审、学员满意度调查等方式进行。

3. 认证

认证是在对培训师候选人的能力进行评估,在确定评估结果后,企业对其进行确认的过程。认证是对其评估期所处能力等级的确认,是企业对培训师进行聘任和管理的基础依据。

(五) 企业培训师的管理

1. **企业培训师的聘任**

合格的培训师不仅是学校和企业宝贵的人才资源,还是宝贵的培训资源。建立培训师队伍的最重要目的之一就是在聘任培训师的过程中达到企业预期的目标。在建设企业培训师的过程中,聘任是非常重要的一环。培训师是专业属性很强的职业,企业需要通过聘任对其培训能力进行认可,并由此作为其开展培训的准入证明。

2. **建立校企合作培训市场,为培训师提供用武之地**

学校应通过各种方式,实现培训需求方和供给方信息的无缝对接,借此最大限度地利用培训师资源,并为培训师提供更多的用武之地。利用内部网络平台,将企业的培训需求对培训师予以公布,并明确培训需要达成的效果及相关要求和报酬,对培训师进行招标,由有意愿有能力的培训师自由地进行投标,实现培训效果的最大化。

3. **明确培训师的任职期要求**

培训师队伍应是动态发展的队伍,已经聘任的培训师必须承担相应的义务,否则学校可依情况予以降级或解聘。对已经聘任的培训师的要求主要包括以下四个方面：①授课时间；②学员满意度；③课程或教材开发情况；④自身素质提升状况。

4. 建立培训师的复评制度

外部环境的变化、专业的深化、行业的发展、个人的工作实践和经验的积累，都会对培训师产生新的要求，也会促使原有培训师的素质能力出现改变。因此，校企双方在建设培训师队伍时，也必须用发展的思维，对其进行动态管理。校企双方可根据需求和自身实际情况，对已经评估过的培训师人员进行1～3年度的复评。

5. 培训师的激励

（1）名称头衔激励。培训师的称号代表着校企双方的骨干人员或者专业人员。在队伍建设过程中，也要有所侧重地突出这种特性，使培训师人员产生被尊重感和荣誉感，并由此产生使命感和责任感。

（2）支付必要的授课及课程开发报酬。培训师主要通过培训授课与课程开发来实现其价值，且个人的能力、意愿会在很大程度上影响其价值。虽然校企双方在培养培训师的过程中付出了较大的成本，但是校企双方仍然需要对其有价值的劳动和成果提供适当报酬，才能激发其积极性，从而产生良好的效果。

（3）为其能力提升提供培训与训练机会。培训师的能力需要跟随外部环境及企业的要求不断提升。为其提供进一步的培训与训练机会，不仅是企业提升队伍整体能力的要求，也可有效激发培训师人员的积极性。

（4）业绩评估及人才晋升中的加分项。除担任培训师外，培训师还承担了其他职责，在业绩评估中可产生奖励分，在人才晋升中也可作为优先条件之一。

（5）优秀培训师的评选。每个年度可开展优秀培训师的评选，选取在学员满意度、课程开发质量与数量、授课时间、自身素质提升等方面均表现优秀的人员作为优秀培训师，给予其金牌培训师等荣誉称号，在培训市场中形成良性的竞争氛围，并产生整体向上的内生动力。

六、培训测评及制度体系

（一）培训测评

1. 培训前评估

培训前评估的主要作用是帮助企业找到具有针对性的员工培训需求，并为培训后的效果评估提供参照对比数据。

(1) 培训前评估的内容

培训前评估的重点是针对学员本人,主要是对学员的能力水平和行为进行评估。通过培训前学员能力及行为评估确认以下三方面的差距,如图2所示。

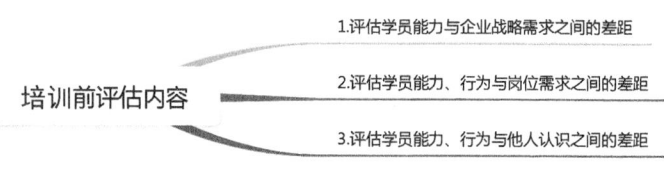

图 2　培训前评估内容

(2) 培训前评估的方法

培训前评估有以下六种常用方法,具体如图3所示。

2. 培训中评估

培训中评估是指在培训实施过程中进行的评估,培训中评估能够帮助培训管理人员控制培训实施的有效程度。

(1) 培训中评估的内容

培训中评估的内容主要包括以下七大部分,如图4所示。

图 3　培训前评估的方法　　　图 4　培训中评估的内容

(2) 培训中评估表

培训中评估内容见表1。

表 1　培训中评估表

课程名称		课程时间	
培训讲师		培训方式	
一、学员基本情况			
学员姓名		工作岗位	
联系电话		工作年限	

(续表)

	二、课程满意度调查项目					
	调查项目	很满意 5分	满意 4分	一般 3分	不满意 2分	极不满意 1分
课程 内容	课程目标的明确性、可量化					
	课程内容与需求的匹配度					
	课程内容编排的合理性					
	理论知识讲解浅显易懂					
	案例互动环节生动有趣					
关于 讲师	仪表、仪容整洁得当					
	课程时间的掌控程度					
	关于沟通技巧的掌握程度					
	讲师激发学员兴趣的程度					
	对课程内容的驾驭程度					
	对信息化培训工具运用熟练程度					
关于 培训 组织	培训时间安排的合理性					
	培训现场服务水平					
	培训材料和通知下发的及时性					
	培训辅助工具和材料的准备情况					

三、截至目前您感到最受益匪浅的内容:

四、您对课程不满意的地方有哪些?

五、其他建议:

3. 培训后评估

培训后评估是对培训的最终效果进行评价,其目的在于使企业管理者能够明确培训项目选择的优劣,了解培训预期目标的实现程度,为后期培训计划、培训项目的制定与实施提供帮助。

(1) 培训后评估内容

培训后评估的内容主要有以下三个部分,具体如图 5 所示。

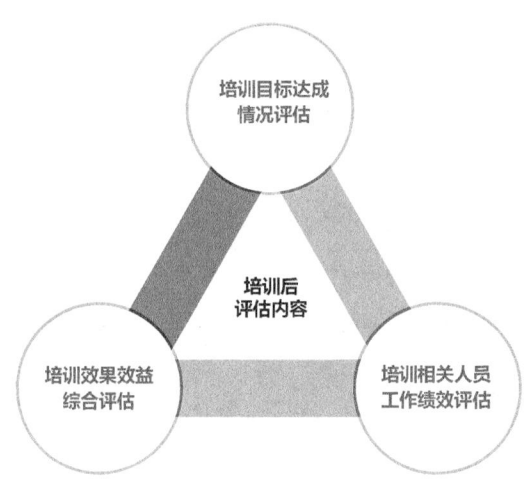

图 5 培训后评估内容

(2) 培训后评估目的

培训后评估有助于判断该项目培训效果是否达到原定目标,判断培训对象知识技术能力的提高或行为表现的改变与本次培训的关系等,具体内容如图 6 所示。

(3) 培训后评估方法

培训后评估方法采用定量评估和问卷评估。

① 定量评估

定量评估是通过将与培训相关的成本、收益等信息和数据进行量化,从而对培训的效果进行衡量的一种评估方法。常用的定量评估工具有两种,如下所示。

a) 舍贝克和科恩的效用公式

对受训人员在培训前后工作效益的差别进行计算。

$$培训效益 = (E_2 - E_1) \times P \times Y \times V - C \times P$$

图 6　培训后评估目的

式中：E_1 表示培训前每位受训人员一年产生的效益；

E_2 表示培训后每位受训人员一年产生的效益；

P 表示受训人员的人数；

Y 表示培训效益可持续的年限；

V 表示工作价值，即对工作成绩的货币计算；

C 表示为每位受训人员花费的培训费用。

b) 收益分析公式

比较、计算培训前后受训人员与未受训人员的工作差异。

$$培训效益 = (Y \times P)(Dt \times SDy)(1+V)(1-Tax) - (N \times C)(1-Tax)$$

式中：Y 表示培训产生收益的时间期限；

P 表示在考虑的时间范围内，最终留在企业的受训人员数目；

Dt 表示受训人员和未受训人员工作成绩的差异；

SDy 表示未受训人员工作成绩的标准偏差；

$(1+V)$ 和 $(1-Tax)$ 分别表示用来调整易变的培训花费和企业税率的影响，这可以用会计方法计算得出；

C 表示每位受训人员培训中所用花费，包括所有直接成本和间接成本；

N 表示受训人员人数，即使是最终培训成绩不符合标准的或中间退出的受训人员,也应包括在内。

② 问卷评估

问卷评估是指通过问卷的方式选取评估指标,直接向评估对象了解培训的效果。问卷评估是目前应用最为普遍的一种评估方法。问卷评估实施的关键在于设计出一份优秀的问卷,优秀问卷需要符合以下五项要求,具体如图7所示。

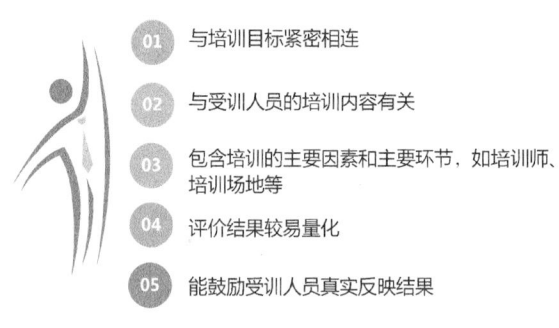

01 与培训目标紧密相连

02 与受训人员的培训内容有关

03 包含培训的主要因素和主要环节,如培训师、培训场地等

04 评价结果较易量化

05 能鼓励受训人员真实反映结果

图7 问卷设计要求

(二) 培训制度

培训制度由校企双方共同制定,共同认可。基于培训政策的制度支持体系如图8所示。各培训制度见本书附录。

制度支持体系			
培训保障制度体系	培训管理制度体系	培训评估制度体系	培训档案制度体系
1. 培训奖惩制度	1. 培训人员管理制度	1. 培训考核制度	1. 培训部工作档案管理制度
2. 员工参与培训制度	2. 培训计划管理制度	2. 培训跟踪辅导制度	2. 受训者档案管理制度
3. 培训经费保障制度	3. 培训实施管理制度	3. 培训风险管理制度	3. 培训师档案管理制度
4. 培训设施保障制度	4. 校企讲师管理制度	4. 培训资格认证制度	4. 培训文件归档制度

图8 培训制度

附　录

附件1　培训保障制度体系

一、培训奖惩制度

1. 目的

为了进一步调动员工参与培训的积极性,增强内外部培训的效果,特制定本制度。

2. 适用范围

本制度适用于校企合作组织的所有培训。

3. 具体规定

1) 学分的产生

(1) 每次培训按照分类(见附表)确定相应分值,积极参与培训并通过培训考核者,可积累该次培训积分。

(2) 如果已报名该次培训,但因工作原因无法参与,需提前在OA上填写"请假单",并通过部门经理、分管副总批准。该次培训分值无法累计。

(3) 如无故缺席培训(未请假),按该次培训分值的双倍扣除培训积分。

(4) 如培训期间出现迟到早退,按该次培训分值的一倍扣除培训积分。

(5) 如培训中途接听电话、无故离场超过三次,该次培训积分无法累计。

(6) 培训考核未通过者,如外部培训考试未通过、证书未取得、培训心得未提交等,该次培训积分同样无法累计。

2) 学分效果的影响

(1) 采用培训学分累计制,可根据员工参与培训的次数及培训考核效果来积分,员工学分将应用到员工个人的晋级、评优、调薪、年终奖及星级评定中。

（2）在员工晋级时，在同等条件下（都修完规定的学分，下同），所修学分更高者优先晋级。

（3）在评选年度优秀员工时，培训所修学分较低者，不得参与优秀员工的评选，在同等条件下，所修学分更高者优先。

（4）在季度员工星级评定中，没有修完规定学分者不得参加星级晋升评比（对于已取得的星级也自动向下降一级），在同等条件下，所修学分更高者优先升级。

（5）培训学分中，扣分现象严重或者未修满规定学分者，原则上不得有加薪资格。

3）学分的结果应用

（1）绩效工资挂钩

管理层（副经理级别以上），每个月培训学分有扣分者，每扣1分扣除工资10元的管理津贴作为处罚；普通员工，每月培训学分有扣分者，每扣1分扣除5元绩效工资作为处罚。

（2）嘉奖

中、高层管理人员及普通员工按两个层次进行年度累计学分评比，年度学分累计达到优秀且分别位列该层次第一名的可分别获得公司授予的"学分优秀奖"的奖状和奖金。

（3）晋升

员工晋升需要参加晋升岗位培训相关课程，并修满岗位学分，没有达到规定标准学分的不予晋升；超过规定标准学分的，在晋升时给予优先考虑。

（4）员工的业绩评估

业绩评估受学分高低的间接影响。

4）考评与奖惩措施

（1）学校校企合作部门和公司人力资源部将每月对各部门的学分制实施情况进行检查指导。

（2）学校校企合作部门和公司人力资源部将通过抽查试卷、学分表和现场问答方式进行考评核实。

（3）对于检查结果将进行公布，并张贴公示。

（4）公司对学分制实施中的优秀组织者和学分完成突出的集体及个人给予300~1 000元的奖励；学分当年累计超出部分，不予累积到下一年度。

得分项目与分值细则见附表 1-1。

附表 1-1　得分项目与分值细则

序号	项目	得分条件	分值	附加分获得条件	分值
1	工匠工坊专项技能培训	全程参加	5分/次	结合专项技能所撰写的培训心得体会（不少于300字）	2分/篇
2	学习工厂体验式培训	全程参加	5分/次	结合企业生产现场所撰写的培训心得体会（不少于500字）	3分/篇
3	协同创新中心创新式培训	参加创新创业培训，提交学习报告，合格后提供创新创业培训证书	3分/次	结合企业生产现场所撰写的培训心得体会（不少于1 000字）	5分/篇
4	职业资格证书培训	参加学校组织的职业资格培训或考核，合格后取得职业资格证书	5分/次	通过职业资格考试并取得证书	2分/证书
5	担任内部培训师（1小时以上）	为公司内部培训担任培训师且提供新教案、讲义、试卷及答案	10分/课时	被评为年度优秀讲师	5分/次
5	担任内部培训师（1小时以上）	传授重复课程	5分/课时	被评为年度优秀讲师	5分/次
5	担任内部培训师（1小时以上）	使用现有标准教材为公司内部培训担任讲师	3分/课时	被评为年度优秀讲师	5分/次
6	传帮带	担任新员工或调岗员工导师（技术师傅），且合格转正，由主管出示证明	2分/人		
6	传帮带	对新员工进行岗位技能操作培训	2分/人		
7	各类组织活动	活动内容应积极向上，有利于促进团队建设，企业文化发展	1分/次	活动发起人附加	1分/次
7	各类组织活动	自发参加提高业务技能的学习并有书面记录（1小时以上并确认）	1分/次	担任每次活动主持人或发起人可附加	1分/次
8	提交案例	编写业务、生产、管理等培训案例，并被培训部采用	2分/篇		

注：每课时按45分钟计算。

二、员工参与培训制度

1. 目标与宗旨

为提高员工素质,满足公司发展和员工发展需求,创建优秀的员工队伍,需建立学习型组织。培训的目标是通过不断提高员工的知识水平、工作能力和能动性,把因员工知识、能力不足和态度不积极而产生的人力成本的浪费控制在最低范围,从而使员工达到实现自我的目标。公司的培训制度与员工的职业生涯设计相结合,促进公司与个人的共同发展。培训方针是自我培训与传授培训相结合,岗位培训与专业培训相结合。

2. 培训的组织策划和实施

(1)企业人力资源部负责培训活动的统筹、规划。

(2)企业人事行政部门负责培训的具体实施。

(3)学校培训中心协助企业人事行政部门进行培训的实施、督促,同时在企业整体培训计划下组织好本部门内部的培训。

3. 培训的形式与方法

1)培训

(1)职前教育:公司新入职人员均应进行职前教育,使新入职员工了解公司的企业文化、经营理念、公司发展历程、管理规范、经营业务等方面内容。职前教育由各公司人事行政部门统一组织、实施和评估。

(2)岗位技能培训:根据公司的发展规划及各部门工作的需求,按专业分工不同对员工进行岗位技能培训,并可视其实际情况合并举办。岗位技能培训由人事行政部门协同其他各部门共同进行规划与执行。由各部门提出年度岗位技能培训计划,报人事行政部门,再将其汇总报人力资源部,由人力资源部根据需求选择培训中心的培训方案,统筹制订培训方案,由人力资源部会同各公司人事行政部门共同安排实施。

2)培训形式

(1)部门内部培训:部门内部培训由各部门根据实际工作需要,对员工进行小规模的、灵活实用的培训。同时各部门经理应经常督导所属员工以增进其处理业务能力,充实其处理业务应具备的知识,必要时应指定所属员工限期阅读与专业有关的书籍。部门内部培训由各部门组织,定期向人事行政部门通报培训情况。

（2）外派培训：培训地点在公司以外，包括参加各类培训班、管理人员及专业业务人员外出考察等。由公司出资外培的，公司应与参培人员签订培训合同。

（3）个人出资培训：由员工个人参加的各类业余教育培训，均属个人出资培训。公司鼓励员工在不影响本职工作的前提下，参加各种业余教育培训活动。员工因考试需占用工作时间，持准考证，经部门负责人批准办理请假手续。

（4）临时培训：各级管理人员可根据工作、业务需要随时设训，人事行政部门予以组织和配合。

工作业绩及工作能力特优，且与企业有共同价值观的员工可呈请选派外培或实习考察。

培训结束后，要开展评估工作，以判断培训是否取得预期的效果。评估的形式包括：考卷式评估、实际表演式评估、实际工作验证评估等。

培训过程前、中、后所有记录和数据由人事行政部门统一收集、整理、存档。

公司投入的培训费用应严格按照培训计划实施，杜绝浪费现象。

各单位（部门）经理（主管）将员工培训的成果列为考绩的记录，作为年终考核的资料之一。

凡受训人员在接获培训通知时，应在指定时间内向组织单位报到，特殊情况不能参训，应经分管领导批准。

三、培训经费保障制度

1. **目的**

规范培训中心经费的使用，合理控制培训费用；实行专款专用，更好地服务企业客户。

2. **适用范围**

适用于培训中心收取与支出的各项费用。

3. **职责**

培训中心负责编制培训预算，并对使用过程进行严格控制和管理；财务计划部负责培训的结算及预算的监督。

4. **经费来源**

河南职业技术学院培训中心年度培训预算；企业参加培训的培训费。

5. 使用方式

河南职业技术学院培训中心预算主要用于支付校外专家及企业培训师咨询授课费用、教材印刷费、场地费。

培训班培训费主要用于支付学员食宿、内部讲师课酬、交通补助、培训班办公用品、培训耗材等费用。

6. 审批权限

审批项目的审批权限见附表1-2。

附表1-2 审批权限

	审批项目	审核	复核	批准
预算类	年度培训预算	培训中心主任	分管院长	分管校长
	季度培训预算			
	计划外预算			
培训费结余款	计划内的培训项目的组织者、培训师的交通费、差旅费、通信费、培训耗材费、教材印刷费、餐饮费	培训组组长	培训中心主任	分管院长
	培训师在外地的飞机、火车软卧等特殊交通费	培训中心主任	分管院长	分管校长
	500元及以下的日常办公用品购置等相关费用	培训师	培训组组长	培训中心主任
	5 000元以下、500元以上的办公设施购置费	培训组组长	培训中心主任	分管院长
	5 000元以上的办公设施购置费、咨询公司的讲师咨询费和课程开发费	培训中心主任	分管院长	分管校长

7. 管理细则

1）培训费用预算

（1）每年11月30日之前，培训中心结合各培训组年度培训工作计划，编制年度培训费用预算，经分管校长签字后报财务处审批。

（2）培训中心每月15日前根据年度培训费用预算，编制下月培训费用计划。月度培训费用计划由培训中心主任审核，报分管院长批准。

2）培训费用使用流程

（1）培训中心日常管理中，需购买相关物品、设施，如价值在500元以下，培训组织人员以报告方式进行申报，经培训组组长审核、培训中心主任批准后即可购买。如价值在500元以上5000元以下的，由需求单位提出购买需求，由需求部门提出购买需求，经培训中心主任审核、分管院长批准后即可购买。超过5000元以上的，必须经分管校长签字后方可购买。

（2）举办各类培训班时，如所安排酒店为已签协议酒店，培训组织者在培训开始前，根据酒店协议对培训班的费用情况进行预算，合理制定培训班的收费标准，报培训中心主任审核、综合管理部部长批准后方可发放通知、实施培训；如所安排酒店为未签协议酒店，在培训开始前，必须与酒店进行洽谈，签订服务协议。

（3）不在校内、企业内部举办的各类培训班，原则上要求培训所在地与学员住宿酒店为同一酒店，以方便培训费用结算。有特殊情况的，需报培训中心主任审核、分管院长批准。

（4）培训费由河南职业技术学院财务部收取，并开发票。

（5）在酒店举办的各类培训班，由酒店代收培训费，并代开发票。培训结束后，由培训组织者负责与酒店结算费用，结余部分带回学校交至财务部。

（6）在各项培训中发生的其他费用，如组织者、讲师的交通费、差旅费、通信费、培训物品购置费、教材印刷费、餐饮费等，由培训组织者按相应流程规定进行费用报销。

（7）校外专家培训师的授课费用，根据培训效果评估和课酬标准，先从财务处借款，以现金方式支付给授课专家，再以授课专家签收条进行报销。

3）培训费用报销流程

（1）培训费用每个班结束后7个工作日报销完毕。

（2）外派培训费用由培训者负责报销，填写报销单，经由培训组织人员审核后，按审批权限签字后予以报销。

（3）财务部应建立培训费用收支台账，并以月度报表的形式提交给综合管理部。

4）费用管理

（1）专款专用原则：培训中心收取和支出的费用，为培训工作专用资金，不得用于其他用途。

（2）过程透明化原则：所有费用均应在财务监管范围之内。

（3）收支平衡原则：培训中心收取和支出的费用，在确保培训效果的基础上，力求平衡。

（4）费用节约原则：培训中心各类费用使用必须遵循节约的原则。

四、培训设施保障制度

1. 目的

为了提高培训设施的使用效率，妥善保管各类培训设备、样件等，提高培训教室和实习车间的 6S 管理水平，编制本规定。

2. 适用范围

本制度适用于河南职业技术学院所有培训设施设备。

3. 定义

本规定中培训设施是指培训教室、实习车间，以及与之相配套的设备、教具、各类器材、样件等。

4. 职责

（1）培训中心培训管理组负责培训设施的日常维护，并对培训设施的使用者或使用部门进行考核。

（2）各培训组织者或使用部门负责使用中的培训设施维护。

（3）综合管理部综合管理科负责对培训中心的资产进行监控。

5. 培训场地的 6S 管理

（1）培训教室、实习车间的现场 6S 由培训中心培训管理组统一负责。

（2）培训管理组负责培训中心日常 6S 维护，不得出现现场脏乱或培训器材摆放混乱的情况，否则对培训管理组处以 30~50 元罚款。

（3）培训期间，培训组织者为现场 6S 的第一负责人，培训结束后应及时组织整理。不得出现现场脏乱或培训器材摆放混乱的情况，否则对培训管理组处以 30~50 元罚款。

6. 培训设施维护与管理

（1）培训中心设施的使用由培训中心专人负责安装和调试，以保证培训工作的正常进行。特殊情况下，在获得授权后由能熟练操作该设施的人员进行安装和调试。因人为原因造成设施的损坏，由当事人写出书面报告，培训中心依据调查结果,出具相应处罚报告,报公司批准。

(2) 培训设施借用,须经培训中心主管同意,并由培训管理组履行借用登记手续。

(3) 培训设施由培训管理组做好定期保养,并作相应保养记录。

(4) 培训设施发生故障或异常情况,培训中心及时联系公司相关职能部门对其进行维修,所有故障应做故障记录和故障鉴定。

7. 培训设施报废

因使用期限已到,或其他原因造成培训设施损坏无法继续使用,培训中心须向公司有关部门申请报废,同时申请购置。

附件 2　培训管理制度体系

一、培训人员管理制度

为保证培训的效果,规范培训管理,更好地提升技术培训平台相关人员的专业素质及能力,特制定本规定。

1. 培训中心职责

(1) 制定、修改平台培训管理制度。

(2) 收集整理各培训信息,调研培训需求。

(3) 拟定、呈报学院培训计划或方案。

(4) 统筹各项课程的开发。

(5) 对培训讲师统一管理。

(6) 联系、组织或协助完成学院各项培训计划的实施。

(7) 检查、评估培训实施情况。

(8) 管理、控制培训费用。

(9) 对各项培训进行记录和相关资料存档。

2. 项目组职责

(1) 协助收集整理各培训信息,调研培训需求。

(2) 拟定、呈报部门技能培训计划或方案,按计划落实各项培训。

(3) 按要求提供有关培训资料至人事行政部。

(4) 配合、支持公司培训工作的实施和效果反馈,交流工作。

3. 培训讲师职责

(1) 参与课程前期培训需求调研,明确培训需求,向培训中心提供准确的培训需求资料。

(2) 开发设计或修改培训课程,如培训教材、辅助材料、PPT、案例、试卷及答案等,并将以上资料交至培训管理中心。

(3) 根据项目组或培训管理中心安排讲授培训课程。

(4) 根据改进建议修改、完善培训内容、培训方式等。

二、培训计划管理制度

为加强培训工作的计划性,提高培训实施达成率,特制定本培训计划管理制度。

1. 计划编制

(1) 每年11月份,各项目组根据培训中心要求,结合所属领域行业需求,提报《项目组年度培训计划表》,提报至培训中心进行审核。

(2) 每年12月份,培训中心根据学院工作计划及培训需求调研报告审核各项目组提交的计划,并进行调整、补充、汇总编制《技术培训平台年度培训计划表》,经培训中心主任审核并报备学院院长审批。

(3) 每季度最后一个月,各项目组将下个季度的培训详细计划完成编制,报培训中心批准后,发布培训通知。

2. 计划实施

(1) 培训中心应根据审批的《技术培训平台年度培训计划表》,按计划组织、落实各项培训计划的实施。

(2) 年中因新特色原因需增加、变更或停止年度培训计划项目的,培训组织部门需提前一个月申请报备至培训中心审核批准。

(3) 根据培训计划的实施,讲师需提前至少半个月开发或修改培训课程资料,包括课程PPT、试卷、培训课程所需表格等。

3. 培训计划实施的监督

培训中心对各项目组的培训计划进行监督,进行培训资料收集及汇总。

三、培训实施管理制度

（1）遵守培训时间，不得迟到早退，以培训签到和培训结束时的人员统计数为准；因故不能参加培训，需提前向培训部请假；培训期间请假，须向培训负责人请假，同意后方可离开。

（2）培训期间，手机调到静音状态，任何人不得在培训室内接听电话。

（3）遵守课堂纪律，不得在课中开小会、干私事、看与培训无关的书报、杂志、文件或吃东西；遵守考场纪律，不得交头接耳和作弊，否则取消其听课及考试资格。

（4）认真听讲，做好笔记，积极参与互动。

（5）培训讲师须提前备课，准时到场，认真讲析，耐心解答，虚心接受学员评估信息。

四、校企讲师管理制度

1. 校企讲师团队的组建

1）校企讲师基本条件

（1）愿意从事职业教育培训工作，具有一定的培训教学工作经验，积极配合学院开展培训工作。

（2）有较好的语言表达能力。

（3）在专业技能方面具有较为丰富的经验和特长。

2）校企讲师来源

（1）各项目组负责人皆有培养员工的责任，是培训讲师的主要承担者，应服从学院安排，主动承担培训讲师工作。

（2）各项目组的优秀骨干是主要讲师来源，应服从学院或项目组安排，积极参与培训讲师工作。

（3）其他具有教学经验和教学能力的合作企业员工，也可积极配合学院开展培训讲师工作。

2. 校企培训师评聘程序

填写申请表→项目组审批→学院培训管理中心审核、备案→考评（试讲）→发文聘用。

说明：考评(试讲)时限 10 分钟左右,自己制作 PPT,试讲内容为与本岗位相关的专业知识或技能。

3. 校企讲师的考核与激励

1) 考核

培训学员和培训监管人针对专业知识、授课技巧、教学组织等方面对讲师进行等级评估,分为以下四个等级:优秀(90 分及以上);良好(75~89 分);合格(60~74 分);不合格(60 分以下)。

2) 激励

(1) 校企讲师实际所得课酬需经"培训效果评估"后按标准发放,具体见附表 2-1。

附表 2-1 课酬发放标准

标准课酬(元)	评估等级	对应比例	实际金额(元)
50	优秀	100%	50
	良好	80%	40
	合格	60%	30
	不合格	50%	25

(2) 每季度可以申请购买书籍两本(总价值不超过 300 元),由培训管理中心根据申请统一购买发放。

(3) 讲师可优先获得外出培训和交流的机会,不断提高专业知识和水平。

(4) 当项目组管理岗位空缺时,同等条件下,讲师可优先晋升。

4. 内部讲师团队的完善

(1) 培训管理中心应根据讲师授课情况和评分结果,向讲师提出改进意见和建议,讲师应认真听取,并在后期培训中予以改进。

(2) 培训管理中心应定期组织内部讲师召开座谈会,互相交流授课心得和授课技巧,针对讲师培训中存在的问题提出改进意见和建议。

(3) 各项目组应重视内部讲师团队的建设,努力培养部门优秀骨干和专业人员,提升综合素质,促进内部讲师团队的完善。

(4) 内部讲师应提高对培训讲师工作的重视程度,不断加强学习,提高自身综合素质,提高教学水平。

附件3 培训评估制度体系

一、培训考核制度

根据有关"培训师资管理"的要求,加强培训管理及监督工作,使培训师考核的工作任务真正落到实处。根据培训中心的实际情况,制定培训师考核与培训制度如下:

1. 培训师考核组织及成员

由培训中心领导、教学及培训师相关人员组成。

2. 培训师考核内容

培训师考核内容包括教师的德、能、勤、绩四方面,又分为五个项目来综合评定。考核内容主要包括:培训工作量、培训效果(学员评价、同行评价、领导评价)、实践能力、科学研究、工作态度。

3. 培训师考核的打分标准

1) 培训工作量的饱和度(满分为 15 分)

2) 培训效果的三个方面(满分为 50 分)

(1) 学员评价(满分为 20 分)。

(2) 同行评价(满分为 20 分)。

(3) 领导评价(满分为 10 分)。

3) 实践能力(满分为 20 分)

4) 工作态度是否端正(满分为 15 分)

4. 培训师培训计划

一年组织 1~2 次师资培训,包括上课技巧、沟通技巧等培训师综合熟知的提升培训。组织一年一次取证考试,努力提升培训队伍的综合师资水平。

培训要求明确的培训计划,培训到人,由培训中心人才发展组负责组织实施、日常考勤等。

二、培训跟踪辅导制度

1. 培训效果评估制度

(1) 多维度、多层次、多方法原则。对培训项目进行效果评估,应根据培训班类型,确定评估层次,选择评估方法,以保证评估结果的针对性、有效性和全面性。

(2)客观公正原则,科学规范原则。效果评估管理人员和培训组织者确定评估层次和评估方法要保持规范化和一致性,不得任意减少评估层次和增删评估调查项目。

(3)制订培训计划时,培训组织者应在培训效果评估管理人员指导下,根据培训的内容、目标以及培训时间等因素确定培训班类型,并据此确定评估层次与评估方法。

(4)培训实施后,培训组织者根据确定的培训层次和评估方法,按照规定时间调查和收集培训效果评估数据。培训师、学员以及学员的直线经理和下级应积极配合培训效果评估工作。

(5)培训组织者应及时对收集到的评估信息与数据进行整理分析,并应在培训效果调查和收集工作结束后两周内撰写培训效果评估报告。

(6)培训组织者在完成撰写评估报告一周内将评估报告提交培训效果评估管理人员,并反馈至相关人员。培训效果评估管理人员应根据评估结果监督相关人员的改进情况。

(7)培训评估完成后,培训组织者将培训效果评估的有关资料移交培训档案管理人员。

(8)实施培训效果评估后,培训组织者在完成撰写评估报告一周内将报告提交培训效果评估管理人员,并反馈至相关人员;反应层评估结果反馈给培训师;学习层评估结果反馈给培训师和学员本人;行为层评估结果反馈给培训组织者、学员本人;结果层评估结果反馈给培训中心决策者。

(9)接收到评估结果反馈的相关人员针对评估报告,在三周内提出相应改进措施并进行落实。培训组织者需针对各层次评估结果,提出相应的改进措施。培训效果评估管理人员监督改进措施的实施。

(10)针对培训效果的反应层评估结果,培训组织者根据评估报告中关于培训组织管理的评估结果,对培训场地设施条件、时间安排、培训内容策划和形式选择等项目分类总结,明确培训组织管理中主要的成功经验以及不足之处,以待改进。

(11)针对培训效果的学习层评估结果,培训组织者应根据评估报告了解学员对培训内容的总体掌握情况,衡量培训师的授课效果,为选拔和培养培训师提供依据。

培训师应根据评估报告了解学员对培训内容的总体掌握情况,以提高授课水平、改进授课质量。

学员应根据评估报告了解自己通过培训,在知识和技术业务技能方面的掌握情况,总结经验与不足,并比较与全体学员的学习效果的差距,明确改进方向。

(12)针对培训效果的行为层评估结果,培训组织者应通过分析评估报告,及时了解学员行为改进程度与培训班类型、培训班策划的关系,为不断调整和完善培训班策划及管理水平提供依据。

(13)针对培训效果的结果层评估结果,培训组织者应通过评估报告,总体了解和掌握培训投入产出情况,为加强培训规划、控制培训成本、提高培训收益提供依据。

培训中心决策者应根据评估报告综合了解和掌握培训对企业发展的贡献情况,明确培训价值,为重大培训决策提供依据。学员的直线经理应通过评估报告了解学员通过培训后的绩效改进情况,努力创造良好的培训成果转化环境。

2．跟踪管理制度

1)培训跟踪目的

检查学员受训情况,提高培训考核成效;巩固培训成果。

2)培训跟踪评估的实施

(1)由中高级专业技术人员、高级技术等级工组成的跟踪评估小组对学员受训情况进行评估,在本人工作小结基础上,由跟踪评估人员对其做出评定。

(2)针对企业员工技能培训,由企业部门人员与培训师组成跟踪评价小组,对其进行跟踪评估。跟踪评估的形式可分为面试、笔试、现场操作抽查及工作表现评议。

(3)跟踪评估的资料均归入个人培训档案,供有关人员分析研究,提出意见和建议,需要时通知学员本人。

三、培训风险管理制度

为增强培训中心的综合实力,选择正确的培训中心发展策略,提高培训中心决策层的危机意识和风险意识,选定最理想的风险管理策略,制定本制度。

（1）成立管理机构，建立风险评估制度，加强对风险管理评估工作的领导，及时听取各部门的风险管理评估报告；定期召开会议，布置和协调风险管理评估工作。

（2）建立健全培训中心安全、检查、财务审计等方面的规章制度和应急预案。

（3）结合职业指导和素质教育，向学员普及保险知识，提高学员运用保险的能力。

（4）制定和实施培训中心大宗物资采购办法，规定大宗物资采购的最低金额，确定建筑材料、教学设备和大宗一般设备的招标、考察、采购程序，严格规定财务部门不得报销未经审计部门审计审签的大宗经费支出。

（5）制定固定资产管理办法，成立固定资产清理、清查领导小组，加强对固定资产的管理。加强对一般设备、教学设备增加、使用、报废、存放地点变动的审计工作；对存在的不良资产和实际已不存在的账面资产进行彻底清查、清理；建立培训中心总务科为第一级，各科部室为第二级的固定资产计算机管理体系，保证固定资产账、实相符。

四、培训资格认证制度

（1）选拔培训师时须由本人申请，所在企业、学校单位推荐，填写《企业培训师申报表》。由企业高级技工和学校优秀教师共建评价机构，对其进行相关职业（工种）专业技能培训和考核，培训师的资格考核由评价机构实施。

（2）培训资格考核采取理论授课和培训相结合的方式，时间不少于48学时（不含实习时间）。

（3）培训师经培训考核合格者，上报至评价机构审定后，由评价机构统一颁发培训师资格证书和胸卡。

（4）评价机构在取得培训师资格证书的人员中聘用相应职业（工种）的培训师或高级培训师，聘期一般为2年，可以根据工作需要和本人表现续聘。

（5）被聘用的培训人员应与评价机构签订聘任合同，明确双方的责任、权利和利益。

（6）评价机构应按照培训师职业技能等级认定实施培训计划，采取不定期轮换方式派遣培训人员，组成培训小组，指定培训组长，按规定履行职责。

(7) 评价机构在开展培训师职业技能等级认定前应组织培训小组人员进行集训,使培训人员熟悉培训的项目、内容、要求、培训办法等。

(8) 培训工作结束后,培训组长应对培训人员情况进行分析、总结,提出诊改意见,并及时归档。

(9) 评价机构应建立培训师档案,包括《企业培训师职业资格认证申请表》《企业培训师职业资格认证鉴定表》《企业培训师年度考核评议表》《聘任合同》《年度个人培训工作小结》等。

(10) 年终培训师要认真总结本年度培训工作情况,写出个人培训工作小结。评价机构组织相关人员对培训师进行培训(90分及以上为优秀,80~89分为良好,60~79分为合格,59分及以下为不合格)。连续两次未按要求参加培训工作或一年内未按要求参加培训工作均视为不合格。

(11) 评价机构应对优秀培训师给予表彰奖励;对不合格人员重新进行业务培训;对聘期内两个年度评议不合格的,予以解聘,并取消培训师资格。

(12) 培训师聘任期满,评价机构应对其进行评估,根据评估结果决定是否续聘。

附件4　培训档案制度体系

一、培训部工作档案管理制度

1. 总则

为了有效地利用和保护培训文档资料,加强培训文档管理工作,使培训文档管理工作规范化,特制定本规定。

(1) 严格执行档案安全保管和保密工作责任制。责任人员对培训部档案的保管和保密工作负责。

(2) 档案管理人员必须严格执行档案查借阅制度,履行借阅登记手续。"保密卷"等重要材料的借阅,必须审查审批权限是否符合规定的要求。

(3) 档案管理人员向档案利用者提供、出具有关证明时,一定要以档案材料原始记载为依据,不得弄虚作假,出具假证。

(4) 档案管理人员切实做好防虫、防鼠、防尘、防潮、防晒工作。保持室内清洁卫生。档案室严禁吸烟,严禁将易燃易爆物品和私人物品带入。定期检查防火、灭火系统、防盗系统、计算机档案管理网络系统。

(5)档案管理人员务必做到每天上下班对库房门、窗、电源等进行安全检查。做好节假日安全检查工作,发现问题,及时处理。

(6)借出的档案材料务必定期归还。借出的档案材料,不得转借他人,不得带入公共场所。

(7)非档案管理人员,未经允许不得进入档案室。

2. 档案建立

(1)建立健全培训部各类档案,为培训部各级领导,上级有关领导部门分析、总结、部署、调度培训部工作和对培训部工作做出决策提供准确、可靠的依据,并确定一名副职校领导具体负责和指导资料的收集、分析、筛选、立卷、归档等建档工作。

(2)培训部建立档案资料室,由档案负责人专职管理,根据主体分为培训部工作档案、受训者培训档案、培训师档案分别进行管理。

(3)全面系统地建立健全培训部工作档案、培训师档案和受训者档案,培训部档案按类以时间为序建立,培训师的一般人事档案、一般职务档案和业务档案按人头建立,受训者学籍档案按届、按班分类建立。

3. 档案立卷

(1)档案管理人员应按资料收集范围及时收集各种档案资料,并将筛选后的资料分类装订,编制目录,进袋入档。档案袋、档案卷的规格要符合上级有关部门的统一要求。

(2)卷宗必须注明保存的期限。凡注明"暂存"的资料一般以一年为期限;注明"短期"的一般以五年为期限;注明"长期"的由培训部根据实际需要决定保存期限。

(3)凡档案资料收集范围细目中未编入相应档案盒,但确有使用、保存价值的其他资料,培训部可根据需要自行决定是否保留。

4. 档案补充

(1)培训师聘用、解聘、考勤、考核、培训质量评估等材料要及时收入个人档案。

(2)外来文件、函件由档案管理人员统一分类编号登记,交主管领导审阅后,即立卷归档。

5. 档案转递

培训师因工作调动,需要转递档案,必须按上级有关部门通知的转递项目逐项登记,文书档案盒,严密包封,并加盖密封章,通过机要转递,不得公开邮寄或交本人自带。

6. 档案查阅

(1) 外单位人员来校查阅档案,必须持有单位介绍信,经培训部主要领导批准后方可到档案资料室查阅档案。

(2) 严守档案材料机密,不准随便转借档案,未经同意不得摘抄档案材料,经同意摘抄的材料须经档案资料室人员仔细核对并盖章。

(3) 查阅者不得将档案材料拿出资料室,爱护档案,不得拆卷、涂改、撕毁、圈点、划道、折叠等。

(4) 外借档案必须经主管领导同意,并向档案人员办理借阅登记手续。借出时间,一般不得超过七天,超过规定时间另行办理手续。

7. 档案安全保密

(1) 档案资料室门窗要加固,要备有消防器材,保持整洁、干燥、自然通风,严禁吸烟和放置易燃、易爆、易引鼠入室的物品。

(2) 档案管理人员不得将无关人员带进档案资料室,不得外泄档案中的机密,档案资料室人员在工作中所用的各种草稿、废纸等,不得乱扔乱抛,应当作保密纸处理或销毁。

二、受训者档案管理制度

加强培训资料和培训人员档案管理,每期培训鉴定结束后,以班为单位收集、整理培训资料和培训人员的相关资料归档,做好跟踪服务工作。

归档资料包括以下内容:

(1) 参训人员的基本情况,包括学员姓名、性别、年龄、身份证号码、家庭地址、联系电话、文化程度、培训专业(职业、工种)、培训时间、培训获证编号等。

(2) 教学情况,包括培训课程安排、学时安排、任课教师、教材、教学大纲和教师教案等。

(3) 学员学习情况,包括考勤登记、作业完成结论、作品完成结论、学习评语结论、理论课和实训实操课考试考核成绩等。

（4）开学、结业相关资料，包括人力资源社会保障部门批准的培训计划和办班批复；开班和结业典礼的领导讲话；报送的信息、图片及相关资料等。

（5）学员就业创业情况，包括学员姓名、性别、身份证号码、文化程度、培训专业、培训时间、家庭详细地址和联系电话，以及上岗就业的单位，培训机构与用人单位所签订的用工合同及用人单位的联系方式等。学员成功创业情况，主要包括学员姓名、性别、身份证号码、文化程度、培训专业、培训时间、家庭详细地址和联系电话、创业地点、营业执照等。

三、培训师档案管理制度

为了加强培训师师资标准化管理，强化与企业联动，及时发现人才，提升培训水平，必须建立健全培训师档案，特制定本办法。

归档资料包括以下内容：

（1）培训师个人基本情况，包括登记表、学历及职称复印件、奖惩复印件等。

（2）教学活动，包括任课、进修、观摩、改革教学方法、更新教材、改进实验方法、设备、措施等。

（3）学术活动，包括参加学术研讨会议、学术交流、学术任职等（具有复印件）。

（4）科研活动，包括教学资料编写，科研论文，著作科研成果的登记及复印件，项目的立项运作，完成的情况。

（5）实践活动，包括企业任职经历、参与企业项目等。

（6）计算机、外语考试、培训学习情况（证书复印件）。

（7）教学竞赛获奖证书、教案、反思及专家评课资料，业务上的工作奖励、鉴定、评语等据实记载（证书复印件）。

四、培训文件归档制度

为了有效地利用和保护培训文档资料，加强培训文档管理工作，使培训文档管理工作规范化，特制定本规定。

1. 日常培训档案

日常培训档案应包括《培训学员签到表》《培训讲义》《培训考核成绩单》《培

训评估表》《培训评估报告》,其中的《培训讲义》应是授课教师的授课内容。根据《培训考核管理制度》,无论笔试、口试及实操,都应当用《培训考核成绩单》记录成绩。

在培训要求中注明"了解"的培训课程,不需要进行考核,则应在培训记录表中进行记录,不要求进行考核成绩记录。

2. 培训教材档案存档目录

培训教材档案的存档应包括《培训教材工作单》及培训教材(即授课教师讲义、文字资料、录像或光盘等)。

3. 培训往来文件存档目录

有关培训方面通知、请示、报告、总结等文件的存档。

培训部负责人每月根据培训课程安排实施表按时进行存档。

4. 培训档案存档要求

(1) 归档的文件材料必须字迹清楚、工整,纸张要求为 A4 纸大小,文件格式需满足学校的标准文本要求。

(2) 归档的文件材料要完整、系统、准确。

(3) 归档的文件除特殊情况外,必须用原件。

(4) 归档的文件必须保持归档文件之间的历史联系。

(5) 对于可进行输入电脑的资料及时输入电脑保存。

(6) 各种文件资料收集、分类后,须在一个月内归档完毕。

5. 借阅使用

(1) 所有档案必须入框上架,科学排列,便于查找,避免暴露或捆扎堆放。

(2) 文件柜、档案室要保持整洁卫生,认真做好文件档案"八防"工作,特别是档案室防火、防鼠、防湿、防盗工作要常抓不懈,要定期检查、经常核对文件档案资料,发现问题及时处理、报告并做好相关记录,确保文件档案资料的完整与安全。